HOLT

CIENCIAS Y TECNOLOGÍA

Electricidad y magnetismo

HOLT, RINEHART AND WINSTON
A Harcourt Education Company
Orlando • Austin • New York • San Diego • Toronto • London

Reconocimientos

Autor colaborador

Andrew Champagne
Former Physics Teacher
Ashland, Massachusetts

Especialista de inclusión

Ellen McPeek Glisan
Special Needs Consultant
San Antonio, Texas

Asesor de seguridad

Jack Gerlovich, Ph.D.
Associate Professor
School of Education
Drake University
Des Moines, Iowa

Revisores académicos

David S. Hall, Ph.D.
Assistant Professor of Physics
Department of Physics
Amherst College
Amherst, Massachusetts

William H. Ingham, Ph.D.
Professor of Physics
James Madison University
Harrisonburg, Virginia

Mark Mattson, Ph.D.
Assistant Professor
Physics Department
James Madison University
Harrisonburg, Virginia

Pruebas de laboratorio

Paul Boyle
Science Teacher
Perry Heights Middle School
Evansville, Indiana

Laura Fleet
Science Teacher
Alice B. Landrum Middle School
Ponte Verde Beach, Florida

Susan Gorman
Science Teacher
North Ridge Middle School
North Richland Hills, Texas

Tracy Jahn
Science Teacher
Berkshire Junior-Senior High School
Canaan, New York

Alyson Mike
Science Teacher
East Valley Middle School
East Helena, Montana

Rodney A. Sandefur
Science Teacher
Naturita Middle School
Naturita, Colorado

Bert J. Sherwood
Science Teacher
Socorro Middle School
El Paso, Texas

David M. Sparks
Science Teacher
Redwater Junior High School
Redwater, Texas

Maestros revisores

Diedre S. Adams
Physical Science Instructor
Science Department
West Vigo Middle School
West Terre Haute, Indiana

Ronald W. Hudson
Science Teacher
Batchelor Middle School
Bloomington, Indiana

Denise Hulette
Teacher
Conway Middle School
Orlando, Florida

Bill Martin
Science Teacher
Southeast Middle School
Kernersville, North Carolina

Printed in the United States of America

ISBN 0-03-026993-8

1 2 3 4 5 6 7 048 08 07 06 05 04

Martha Tedrow
Science Teacher
Thomas Jefferson Middle School
Winston-Salem, North Carolina

Martha B. Trisler
Science Teacher
Rising Starr Middle School
Fayetteville, Georgia

Sherrye Valenti
Curriculum Leader
Science Department
Wildwood Middle School, Rockwood School District
Wildwood, Missouri

Roberta Young
Science Teacher
Gunn Junior High School
Arlington, Texas

Desarrollo de experimentos y laboratorios

Phillip G. Bunce
Former Physics Teacher
Austin, Texas

Kenneth E. Creese
Science Teacher
White Mountain Junior High School
Rock Springs, Wyoming

William G. Lamb, Ph.D.
Winningstad Chair in the Physical Sciences
Oregon Episcopal School
Portland, Oregon

Alyson Mike
Science Teacher
East Valley Middle School
East Helena, Montana

Joseph W. Price
Science Teacher and Department Chair
Science and Math Instructor for Pre-College Program
H. M. Browne Junior High School
Howard University
Washington, D.C.

Denice Lee Sandefur
Science Chairperson
Nucla High School
Nucla, Colorado

John Spadafino
Mathematics and Physics Teacher
Hackensack High School
Hackensack, New Jersey

Walter Woolbaugh
Science Teacher
Manhattan Junior High School
Manhattan, Montana

Desarrollo de apartados

Katy Z. Allen
Hatim Belyamani
John A. Benner
David Bradford
Jennifer Childers
Mickey Coakley
Susan Feldkamp
Jane Gardner
Erik Hahn
Christopher Hess
Deena Kalai
Charlotte W. Luongo, MSc
Michael May
Persis Mehta, Ph.D.
Eileen Nehme, MPH
Catherine Podeszwa
Dennis Rathnaw
Daniel B. Sharp
John M. Stokes
April Smith West
Molly F. Wetterschneider

Verificación de respuestas

John A. Benner
Austin, Texas

N Electricidad y magnetismo

Desarrollo de destrezas

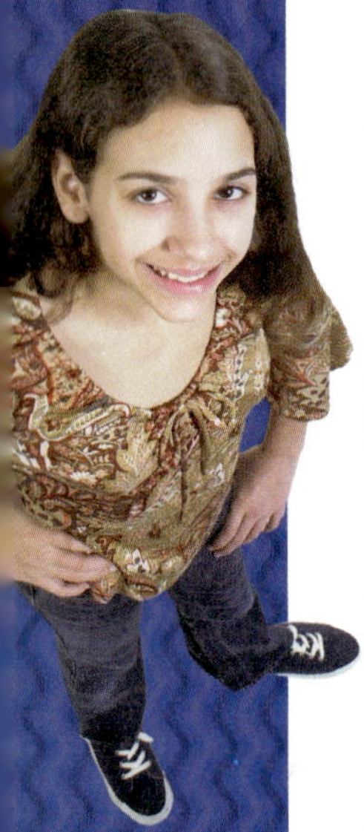

ACTIVIDAD PARA ANTES DE LEER

NOTAS PLEGADAS

Organizador gráfico

ACTIVIDAD INICIAL

Experimento rápido

DE LA ESCUELA A CASA

ESTRATEGIA DE LECTURA

ACTIVIDAD EN INTERNET

PRÁCTICA de MATEMÁTICAS

ENFOQUE MATEMÁTICO

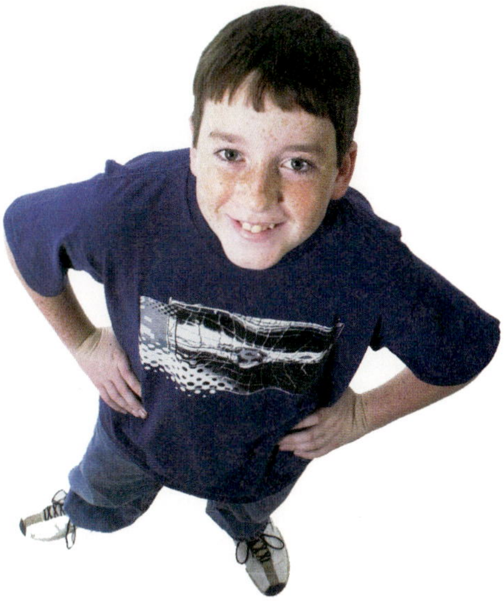

Conexión con...

La ciencia en acción

Cómo usar tu libro de texto

El camino al éxito con Holt Ciencias y tecnología

Preparación para la lectura

La Preparación para la lectura que se encuentra al comienzo de cada sección te ofrece los objetivos y los términos clave de la sección. Los objetivos te indican lo que tendrás que saber cuando termines de leer la sección.

En cada sección se mencionan los términos clave. Aprende las definiciones de estos términos porque lo más probable es que aparezcan en los exámenes. Cada término está resaltado en el texto y se define tanto en el punto en que se usa como en el margen de la página. También puedes usar el glosario para encontrar rápidamente las definiciones.

SUGERENCIA DE ESTUDIO Vuelve a leer los objetivos y las definiciones de los términos clave al estudiar para un examen para asegurarte de que conoces el material.

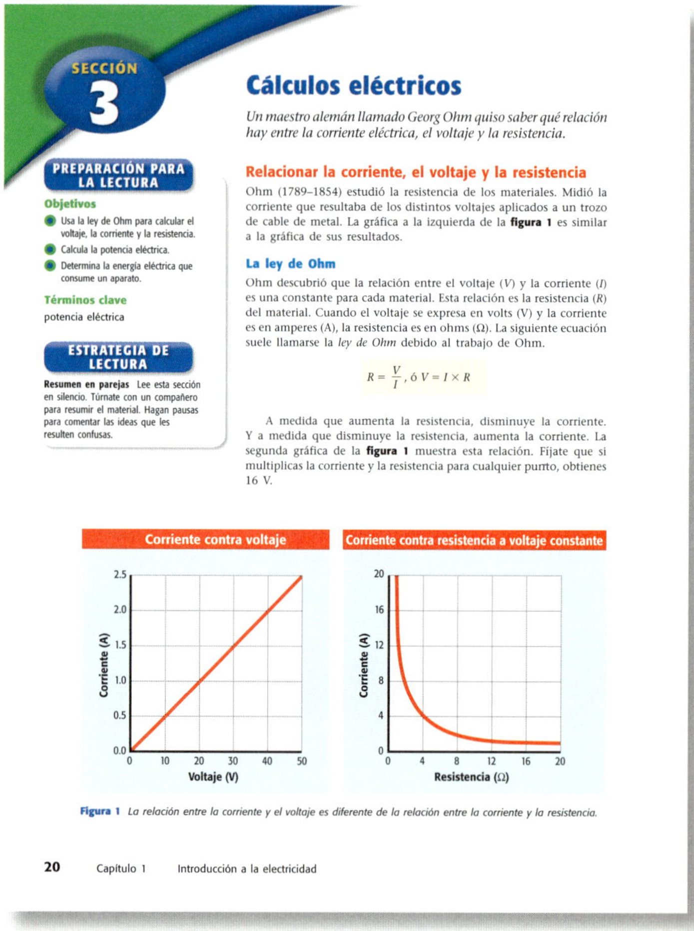

SECCIÓN 3

Cálculos eléctricos

Un maestro alemán llamado Georg Ohm quiso saber qué relación hay entre la corriente eléctrica, el voltaje y la resistencia.

PREPARACIÓN PARA LA LECTURA

Objetivos
- Usa la ley de Ohm para calcular el voltaje, la corriente y la resistencia.
- Calcula la potencia eléctrica.
- Determina la energía eléctrica que consume un aparato.

Términos clave
potencia eléctrica

ESTRATEGIA DE LECTURA

Resumen en parejas Lee esta sección en silencio. Túrnate con un compañero para resumir el material. Hagan pausas para comentar las ideas que les resulten confusas.

Relacionar la corriente, el voltaje y la resistencia

Ohm (1789–1854) estudió la resistencia de los materiales. Midió la corriente que resultaba de los distintos voltajes aplicados a un trozo de cable de metal. La gráfica a la izquierda de la **figura 1** es similar a la gráfica de sus resultados.

La ley de Ohm

Ohm descubrió que la relación entre el voltaje (V) y la corriente (I) es una constante para cada material. Esta relación es la resistencia (R) del material. Cuando el voltaje se expresa en volts (V) y la corriente es en amperes (A), la resistencia es en ohms (Ω). La siguiente ecuación suele llamarse la *ley de Ohm* debido al trabajo de Ohm.

$$R = \frac{V}{I}, \text{ ó } V = I \times R$$

A medida que aumenta la resistencia, disminuye la corriente. Y a medida que disminuye la resistencia, aumenta la corriente. La segunda gráfica de la **figura 1** muestra esta relación. Fíjate que si multiplicas la corriente y la resistencia para cualquier punto, obtienes 16 V.

Figura 1 *La relación entre la corriente y el voltaje es diferente de la relación entre la corriente y la resistencia.*

20 Capítulo 1 Introducción a la electricidad

Organízate

La Estrategia de lectura que se encuentra al comienzo de cada sección te ofrece sugerencias para organizar y recordar la información. Lleva contigo un cuaderno de ciencias de modo que puedas tomar notas cuando tu maestro repase el material en clase. Haz los ejercicios en este cuaderno para que puedas revisarlos al estudiar para el examen del capítulo.

Aprovecha los recursos: usa Internet

Los recuadros de **Conexión con Internet** de tu libro de texto te ofrecen recursos que puedes usar para proyectos, informes y trabajos de investigación sobre las ciencias. Ingresa el código de SciLinks en scilinks.org para obtener información sobre un tema. (Disponible sólo en inglés)

Visita go.hrw.com

En **go.hrw.com** puedes encontrar hojas de destrezas, artículos de Ciencia actual *(Current Science®)* en línea y otros materiales relacionados con tu libro de texto. Haz clic en el icono del libro de texto y la tabla de contenidos para ver todos los recursos de cada capítulo. (Disponible sólo en inglés)

ENFOQUE MATEMÁTICO

Usar la ley de Ohm ¿Cuál es el voltaje si la corriente es 2 A y la resistencia es 12 Ω?

Paso 1: Escribe la ecuación del voltaje.

$$V = I \times R$$

Paso 2: Sustituye la corriente y la resistencia con las mediciones dadas en el problema y resuelve.

$$V = 2\ A \times 12\ \Omega$$

$$V = 24\ V$$

Ahora es tu turno

1. Halla el voltaje si la corriente es 0.2 A y la resistencia es 2 Ω.
2. La resistencia de un objeto es 4 Ω. Si la corriente en el objeto es 9 A, ¿qué voltaje debe usarse?
3. Un objeto tiene una resistencia de 20 Ω. Calcula el voltaje necesario para producir una corriente de 0.5 A.

Potencia eléctrica

La tasa a la que la energía eléctrica se transforma en otras formas de energía es la **potencia eléctrica.** La unidad de potencia es el watt (W) y el símbolo para la potencia es la letra *P*. La potencia eléctrica se expresa en watts cuando el voltaje está en volts y la corriente está en amperes. La potencia eléctrica se calcula con la siguiente ecuación:

potencia = voltaje × corriente, ó $P = V \times I$

potencia eléctrica la tasa a la que la energía eléctrica se transforma en otras formas de energía

Watt: la unidad de potencia

Si alguna vez has cambiado un foco, es posible que ya sepas algo sobre los watts. Los focos, como los de la **figura 2,** tienen rótulos que dicen "60 W", "75 W" ó "120 W". Cuando el foco recibe la energía eléctrica, el foco emite luz. A medida que la potencia aumenta, el foco emite más luz porque más energía eléctrica se transforma en energía luminosa. La clasificación de mayor potencia de un foco de 120 W te dice que emite más luz que un foco de 60 W.

Otra unid (kW). Un kilo se usan para e la potencia n

Comprens unidades com el Apéndice las

Cómo ahorrar energía

Todos los aparatos eléctricos usan energía. Pero un ventilador, como el que se muestra en la **figura 4,** en realidad te permite ahorrar energía. Si usas un ventilador, puedes apagar un acondicionador de aire. Otra forma de ahorrar energía es reemplazar objetos que tienen potencia alta con objetos que tienen una potencia más baja. También ayuda apagar las luces cuando no se usan.

Figura 4 *Usar un ventilador para estar fresco y un tostador pequeño en lugar de uno más grande son formas de ahorrar energía.*

ACTIVIDAD

Ahorrar energía

DESTREZA DE REDACCIÓN Con uno de tus padres, identifica la potencia de cada uno de los focos de tu casa y estima cuánto tiempo permanece encendido cada uno durante un día. En tu **diario de ciencias,** determina cuánta energía eléctrica consume cada foco por día. Luego, describe dos modos de ahorrar energía con los focos.

DE LA ESCUELA A CASA

REPASO DE LA sección

Resumen

- La ley de Ohm describe la relación entre la corriente, la resistencia y el voltaje.
- La potencia eléctrica es la tasa a la que la energía eléctrica se transforma en otras formas de energía.
- La energía eléctrica es la potencia eléctrica multiplicada por el tiempo. En general, se expresa en kilowatts-hora.

Usar términos clave

1. Define el término *potencia eléctrica* en tus propias palabras.

Comprender las ideas principales

2. ¿Cuál de las siguientes opciones corresponde a la ley de Ohm?
   a. $E = P \times t$
   b. $I = V \times R$
   c. $P = V \times I$
   d. $V = I \times R$
3. El circuito A tiene el doble de resistencia que el circuito B. El voltaje es el mismo en ambos circuitos. ¿Qué circuito tiene la corriente más alta?

Destrezas matemáticas

4. Usa la ley de Ohm para hallar el voltaje necesario para generar una corriente de 3 A en una resistencia de 9 Ω.
5. ¿Cuánta energía eléctrica consume un foco de 40 W si permanece encendido durante 12 h?

Razonamiento crítico

6. **Aplicar conceptos** Explica por qué aumentar el voltaje aplicado a un cable puede tener el mismo efecto en la corriente del cable que disminuir la resistencia de dicho cable.
7. **Identificar relaciones** Consulta las ecuaciones de esta sección y crea una ecuación para hallar la energía eléctrica a partir del tiempo, la corriente y la resistencia.

SCILINKS. NSTA Desarrollo y mantenimiento a cargo de la Asociación Nacional de Maestros de Ciencias

Para ver diversos enlaces relacionados con este capítulo, visita www.scilinks.org

Tema*: Energía eléctrica

Código de SciLinks: HSM0475

*(Sólo en inglés)

23

Usa las ilustraciones y las fotos

Las ilustraciones muestran ideas y procesos complejos. Aprende a analizarlas para comprender mejor el material que lees en el texto.

Las tablas y las gráficas muestran información importante de manera organizada para ayudarte a ver las relaciones.

Una imagen vale más que mil palabras. En las fotografías verás ejemplos relevantes de los conceptos científicos sobre los que lees.

Contesta los repasos de las secciones

Los repasos de las secciones evalúan tus conocimientos sobre los puntos principales de la sección. Los puntos de Razonamiento crítico te desafían a pensar sobre el material con más profundidad y a inferir relaciones a partir del texto.

SUGERENCIA DE ESTUDIO Cuando no puedas contestar una pregunta, vuelve a leer la sección. Por lo general, allí encontrarás la respuesta.

Haz tu tarea

Tu maestro puede asignarte hojas de destrezas para ayudarte a comprender y recordar el material de los capítulos.

SUGERENCIA DE ESTUDIO No intentes contestar las preguntas sin haber leído el texto y revisado las notas que tomaste en clase. Con un poco de preparación previa, te resultará mucho más fácil hacer los ejercicios. Hacer los ejercicios del Repaso del capítulo te ayudará a prepararte para el examen del capítulo.

Holt Online Learning

Visita Holt Online Learning

Si tu maestro te da una contraseña especial para ingresar al sitio Holt Online Learning, encontrarás tu libro de texto completo en Internet. Además, encontrarás fabulosas herramientas de aprendizaje y cuestionarios de práctica. Podrás evaluar si conoces a fondo el material de tu libro de texto. (Disponible sólo en inglés)

CNN Student News

Visita CNN Student News

Encontrarás novedades de ciencias en **cnnstudentnews.com** (Disponible sólo en inglés)

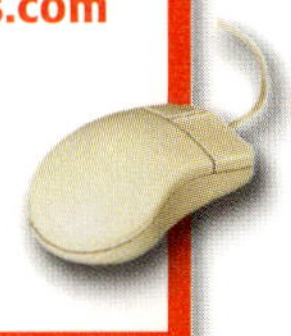

PRECAUCIONES DE SEGURIDAD

Explorar, inventar e investigar son actividades esenciales para el estudio de las ciencias. Sin embargo, estas actividades también pueden ser peligrosas. Para garantizar que tus experimentos y exploraciones sean seguros, debes cumplir con varias pautas de seguridad. Probablemente hayas oído la frase "Más vale prevenir que curar". Esto resulta particularmente adecuado en una clase de ciencias, donde se hacen experimentos y exploraciones. No estar bien informado y actuar sin cuidado puede provocar heridas graves. No arriesgues tu propia seguridad ni la de otras personas.

En las siguientes páginas se describen pautas de seguridad importantes para la clase de ciencias. Es posible que tu maestro también tenga pautas y sugerencias de seguridad específicas para tu clase y tu laboratorio. Tómate el tiempo necesario para estar seguro.

Medidas de seguridad

Antes de empezar

Siempre debes obtener el permiso de tu maestro antes de intentar cualquier exploración de laboratorio. Lee cuidadosamente los procedimientos y presta especial atención a la información de seguridad y a las advertencias. Si no estás seguro de lo que significa un símbolo de seguridad, búscalo o pregúntale a tu maestro. En cuanto a la seguridad, nunca está de más ser muy cuidadoso. Si ocurre un accidente, informa inmediatamente a tu maestro, aunque no te parezca importante.

Si tu maestro te pide que huelas una sustancia, acerca el vapor hacia tu nariz con la mano. Nunca pongas la nariz cerca de la fuente de la sustancia.

Símbolos de seguridad

Todos los experimentos e investigaciones incluidos en este libro y las hojas de destrezas correspondientes contienen importantes símbolos de seguridad para alertarte sobre determinados asuntos de seguridad. Familiarízate con estos símbolos, así, cuando los veas, sabrás lo que significan y lo que debes hacer. Es importante que leas esta sección de seguridad de principio a fin para conocer los peligros específicos del laboratorio.

Protección de los ojos

Protección de la ropa

Protección de las manos

Seguridad con el calor

Seguridad eléctrica

Seguridad química

Cuidado de los animales y seguridad

Objetos filosos

Seguridad con las plantas

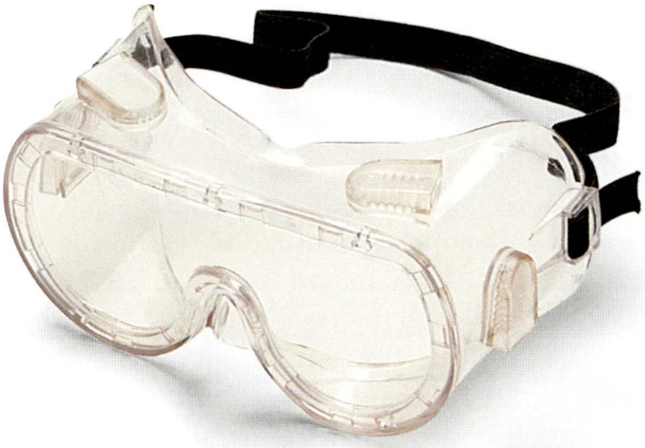

Protección de los ojos

Usa gafas de seguridad siempre que trabajes con compuestos químicos, ácidos, bases o cualquier tipo de llama o fuente de calor. Debes ponerte las gafas de seguridad ante la menor posibilidad de sufrir daño en los ojos. Si te entra cualquier clase de sustancia en los ojos, avisa inmediatamente a tu maestro y lávate los ojos con agua de la llave durante al menos 15 minutos. Trata cualquier compuesto químico desconocido como si fuera peligroso. Nunca mires al Sol directamente, ya que puede causar ceguera permanente.

Evita usar lentes de contacto en el laboratorio. Aunque tengas puestas las gafas de seguridad, los compuestos químicos pueden pasar por debajo de la lente y penetrar en el ojo. Si el médico te indica que uses lentes de contacto en lugar de anteojos, cuando estés en el laboratorio debes usar gafas de seguridad protectoras de ocular, como las que se utilizan para bucear.

Equipos de seguridad

Debes conocer la ubicación de las alarmas contra incendio más cercanas y de cualquier otro equipo de seguridad, como mantas contra incendios y estaciones de lavado de ojos, según lo indicado por tu maestro. Además, debes conocer los procedimientos para usar estos equipos.

Orden y cuidado personal

Despeja tu área de trabajo de todos los libros y papeles innecesarios. Sujétate el cabello hacia atrás si lo tienes largo y asegura las mangas y otras prendas de vestir sueltas, como corbatas y lazos. Quítate las joyas que cuelguen. No uses zapatos de puntera abierta ni sandalias en el laboratorio. Nunca comas, bebas ni te pongas cosméticos en el laboratorio. Los alimentos, las bebidas y los cosméticos pueden contaminarse fácilmente con materiales peligrosos.

Ciertos productos para el pelo (como el espray) son inflamables y no deben usarse cerca de una llama encendida. Evita usar espray o gel para el pelo los días que tengas laboratorio.

Objetos filosos/puntiagudos

Usa con extremo cuidado los cuchillos y otros objetos filosos. Nunca cortes objetos mientras los sostienes en las manos. Coloca los objetos sobre una superficie de trabajo apropiada para cortarlos.

Debes tener muchísimo cuidado al usar cualquier clase de objeto de vidrio. Cuando coloques un objeto pesado en una probeta, inclina la probeta para que el objeto se deslice lentamente hasta el fondo.

Compuestos químicos

Usa guantes de seguridad siempre que manipules cualquier compuesto químico, ácido o base potencialmente peligrosos. Si el compuesto químico te resulta desconocido, trátalo como si fuera una sustancia peligrosa. Usa un delantal y guantes protectores cuando trabajes con ácidos o bases y siempre que te lo indiquen. Si se derrama algún producto sobre tu piel o tu ropa, enjuágalo inmediatamente con agua durante al menos 5 minutos mientras llamas a tu maestro.

Nunca mezcles compuestos químicos a menos que te lo indique tu maestro. No pruebes, toques ni huelas compuestos químicos a menos que te lo ordenen específicamente. Antes de trabajar con un líquido o un gas inflamable, verifica que no haya ninguna fuente de llamas, chispas o calor.

Calor

Usa gafas de seguridad cuando manipules cualquier fuente de calor o una llama. Siempre que sea posible, usa una placa calentadora eléctrica como fuente de calor en lugar de una llama abierta. Al calentar materiales en un tubo de ensayo, orienta siempre el tubo lejos de ti y de otras personas. Para evitar quemaduras, usa guantes resistentes al calor siempre que te lo indiquen.

Electricidad

Ten cuidado con los cables eléctricos. Cuando trabajes con un microscopio que tenga lámpara, evita colocar el cable en un lugar donde tus compañeros se puedan tropezar. No dejes que los cables cuelguen sobre el borde de una mesa de manera que el equipo se pueda caer si se tira accidentalmente del cable. No uses equipos que tengan los cables dañados. Asegúrate de tener las manos secas y de que el equipo eléctrico esté en la posición "apagado" antes de enchufarlo. Apaga y desenchufa los equipos eléctricos cuando termines de usarlos.

Cuidado de los animales y seguridad

Antes de llevar cualquier animal a la escuela, debes obtener siempre el permiso de tu maestro. Trata a los animales sólo de la manera que tu maestro te indica. Trátalos siempre con cuidado y respeto. Lávate bien las manos después de tocar cualquier animal.

Seguridad con las plantas

No ingieras ninguna parte de una planta ni de una semilla usada en el laboratorio. Lávate bien las manos después de manipular cualquier parte de una planta. Al hacer experimentos al aire libre, no recojas ninguna planta silvestre a menos que tu maestro te lo indique.

Objetos de vidrio

Examina todos los objetos de vidrio antes de usarlos. Asegúrate de que estén limpios y de que no tengan grietas ni astillas. Informa a tu maestro si hay algún objeto de vidrio dañado. Los recipientes de vidrio que se usan para calentar deben estar hechos con vidrio resistente al calor.

1

Introducción a la electricidad

Acerca de la FOTO

Este increíble espectáculo de luces no es una tormenta eléctrica bajo techo, ¡pero está cerca de serlo! Cuando los científicos del Laboratorio Nacional Sandia encienden este aparato de fusión, un gran número de electrones se mueven por todo el lugar y producen chispas gigantes.

ACTIVIDAD PARA ANTES DE LEER

NOTAS PLEGADAS

Cuaderno engrapado

Antes de leer el capítulo, prepara las notas plegadas en forma de "Cuaderno engrapado", tal y como se explica en la sección **Destrezas de estudio** del Apéndice. Titula las pestañas del cuaderno "Carga", "Corriente", "Voltaje" y "Resistencia". Mientras lees el capítulo, escribe lo que vayas aprendiendo sobre cada categoría en la página correspondiente.

ACTIVIDAD INICIAL

Adherirse

En esta actividad, verás como interactúan un par de objetos que tienen carga eléctrica.

Procedimiento

1. Toma **dos tiras de cinta de celofán.** Cada tira debe tener 20 cm de largo. Pliega una pequeña parte del extremo de cada cinta para formar una pestaña.
2. Sostén cada tira de cinta por la pestaña. Acerca los dos trozos de cinta, pero no dejes que se toquen. Anota tus observaciones.
3. Pega una de las tiras a tu mesa de laboratorio. Pega la segunda tira arriba de la primera tira.
4. Despega las tiras de cinta de la mesa al mismo tiempo.
5. Separa rápido las tiras. Acerca las dos tiras de cinta, pero no dejes que se toquen. Anota tus observaciones.

Análisis

1. Compara cómo se comportaron las tiras de cinta cuando las juntaste por primera vez y cómo se comportaron cuando las separaste.
2. Cuando separaste las dos tiras, los electrones de un trozo de cinta se movieron al otro trozo de cinta. Describe la carga de cada tira de cinta después de que las separaste.
3. A partir de tus observaciones, saca una conclusión sobre cómo se comportan entre sí los objetos que tienen las cargas que describiste.

SECCIÓN 1

Carga eléctrica y electricidad estática

PREPARACIÓN PARA LA LECTURA

Objetivos

- Describe cómo interactúan los objetos con carga de acuerdo con la ley de las cargas eléctricas.
- Describe tres formas en las que un objeto puede adquirir carga.
- Compara los conductores con los aislantes.
- Da dos ejemplos de electricidad estática y de descarga eléctrica.

Términos clave

ley de las cargas eléctricas
fuerza eléctrica
campo eléctrico
conductor eléctrico
aislante eléctrico
electricidad estática
descarga eléctrica

ESTRATEGIA DE LECTURA

Organizador de lectura Mientras lees esta sección, haz un esquema. Usa los encabezados de la sección en tu esquema.

¿Alguna vez te has dado un toque eléctrico al tocar la perilla de una puerta? ¿Por qué pasó esto?

Es posible que los días secos te des un toque eléctrico al abrir una puerta, ponerte un suéter o tocar a otra persona. Estos toques provienen de la electricidad estática. Para entender la electricidad estática, necesitas aprender sobre los átomos y las cargas.

Carga eléctrica

Toda la materia está formada por partículas muy pequeñas llamadas *átomos*. Los átomos están hechos de partículas todavía más pequeñas llamadas protones, neutrones y electrones, que se muestran en la **figura 1.** ¿Qué diferencia hay entre estas partículas? Para empezar, los protones y los electrones son partículas con carga, mientras que los neutrones son partículas sin carga.

Comprensión de lectura **¿Cuáles son los dos tipos de partículas con carga de los átomos?** (*Consulta en el Apéndice las respuestas de comprensión de lectura.*)

Las cargas ejercen fuerza

La carga es una propiedad física. Un objeto puede tener una carga positiva, una carga negativa o ninguna carga. El concepto de carga queda más claro al aprender cómo interactúan los objetos con carga. Los objetos con carga ejercen una fuerza (un empuje o una atracción) sobre otros objetos con carga. La **ley de las cargas eléctricas** establece que las cargas iguales se repelen y que las cargas opuestas se atraen. En la **figura 2** se ilustra esta ley.

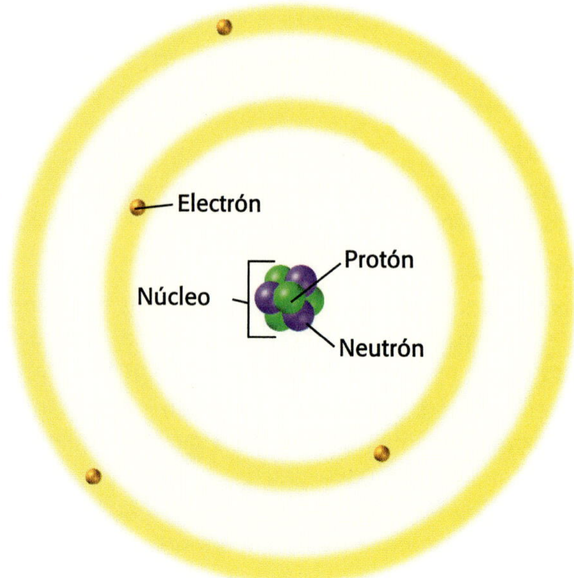

Figura 1 *Los protones y los neutrones forman el centro del átomo, es decir, el núcleo. Los electrones se encuentran fuera del núcleo.*

Figura 2 **La ley de las cargas eléctricas**

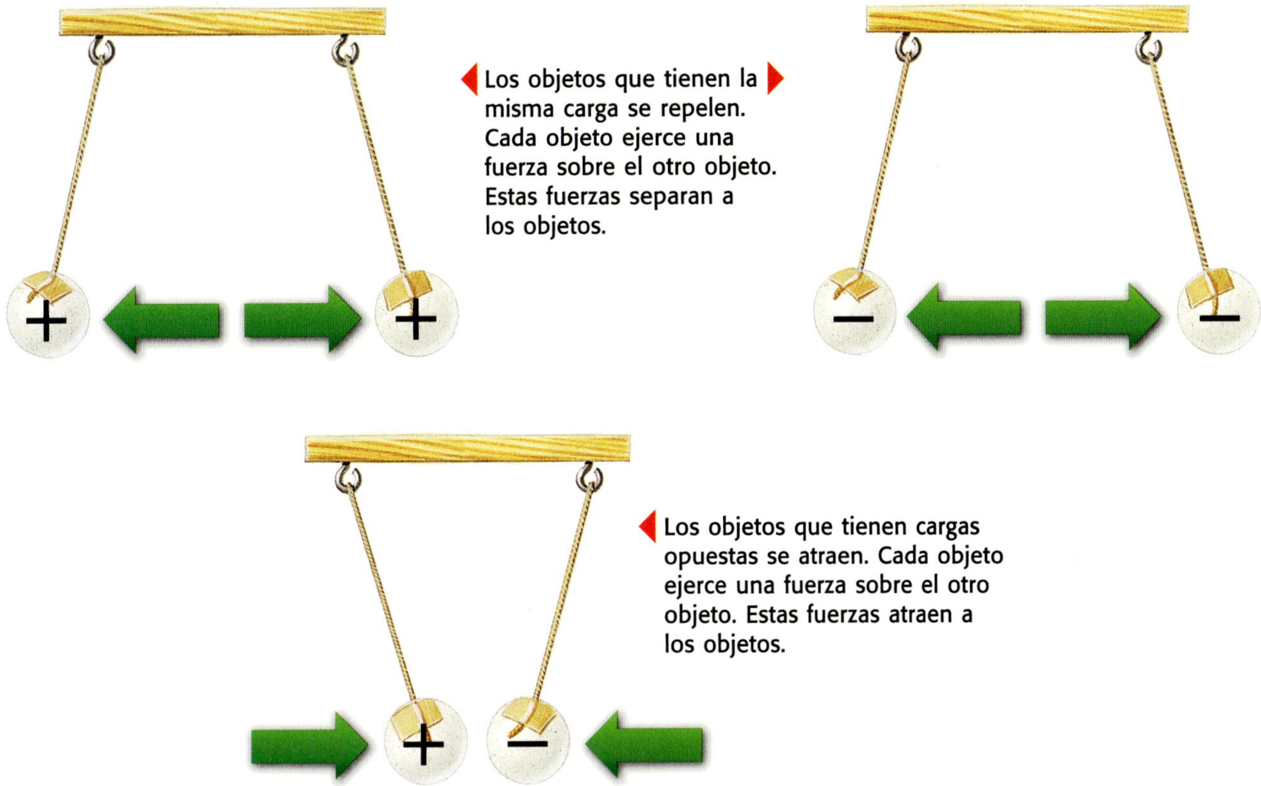

La fuerza entre protones y electrones

Los protones tienen carga positiva, mientras que los electrones tienen carga negativa. Como los protones y los electrones tienen cargas opuestas, se atraen. Sin esta atracción, los electrones no podrían retenerse en el átomo.

La fuerza eléctrica y el campo eléctrico

La fuerza entre objetos con carga es una **fuerza eléctrica.** La magnitud de la fuerza eléctrica depende de dos factores. El primero es la cantidad de carga en cada objeto. Cuanto mayor es la carga, mayor es la fuerza eléctrica. El otro factor que determina la magnitud de la fuerza eléctrica es la distancia entre las cargas. Cuanto más cerca están las cargas, mayor es la fuerza eléctrica.

La fuerza eléctrica afecta a los objetos con carga porque los objetos con carga tienen un campo eléctrico a su alrededor. Un **campo eléctrico** es la región alrededor de un objeto con carga en la cual se ejerce una fuerza eléctrica sobre otro objeto con carga. Un objeto con carga ubicado en el campo eléctrico de otro objeto con carga experimenta una atracción o una repulsión por parte de la fuerza eléctrica que actúa sobre él.

ley de las cargas eléctricas la ley que establece que las cargas iguales se repelen y las cargas opuestas se atraen

fuerza eléctrica la fuerza de atracción o de repulsión ejercida sobre una partícula con carga debido a un campo eléctrico

campo eléctrico el espacio que se encuentra alrededor de un objeto con carga y en el que otro objeto con carga experimenta una fuerza eléctrica

¡Cárgalo!

Los átomos tienen igual número de protones y de electrones. Como las cargas positivas y negativas se anulan entre sí, los átomos no tienen carga. Entonces, ¿cómo adquiere carga algo formado por átomos? Un objeto adquiere carga positiva cuando pierde electrones y carga negativa cuando gana electrones. Los objetos pueden adquirir carga por fricción, por conducción y por inducción, como se muestra en la **figura 3.**

✓ *Comprensión de lectura* **Menciona tres formas de cargar un objeto.**

Fricción

Las cargas por *fricción* se producen cuando los electrones se "barren" de un objeto a otro. Si frotas una tela con una regla de plástico, los electrones se mueven de la tela a la regla. La regla gana electrones y adquiere carga negativa. Al mismo tiempo, la tela pierde electrones y adquiere carga positiva.

Conducción

La carga por *conducción* se produce cuando los electrones se mueven de un objeto a otro por contacto directo. Imagina que tocas un pedazo de metal sin carga con una varilla de vidrio con carga positiva. Los electrones del metal se moverán del metal a la varilla de vidrio. El metal pierde electrones y adquiere carga positiva.

CONEXIÓN CON las ciencias ambientales

DESTREZA DE REDACCIÓN **Pintar automóviles** Investiga cómo los fabricantes de automóviles usan la carga y la fuerza eléctrica para pintar automóviles. Luego, en tu **diario de ciencias,** escribe un informe de una página en el que describas el proceso y en el que expliques cómo el uso de la carga para pintar automóviles ayuda a proteger el ambiente.

Figura 3 **Tres modos de cargar un objeto**

Fricción | **Conducción** | **Inducción**

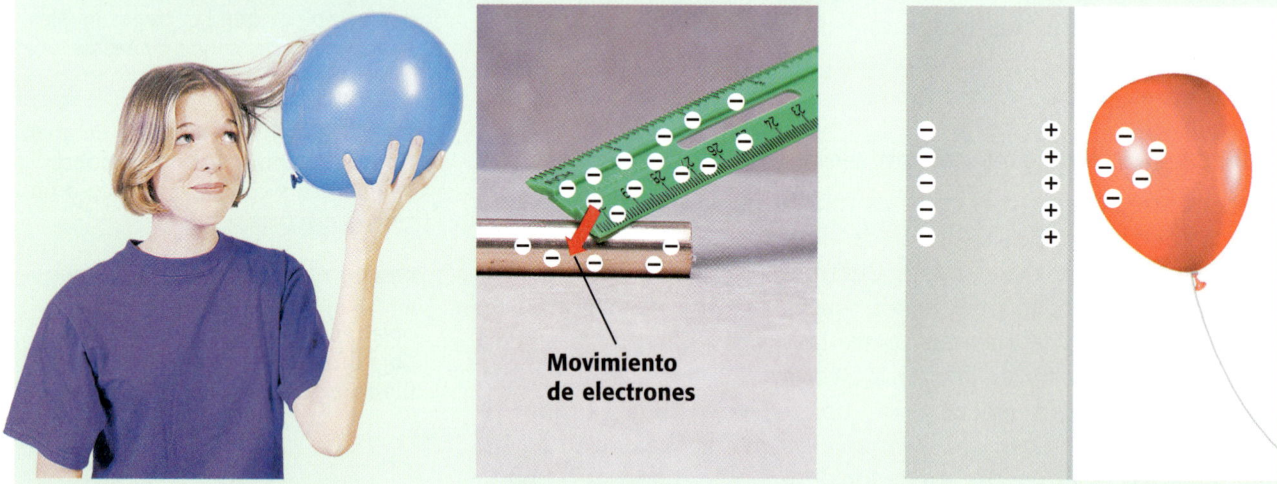

Cuando frotas un globo contra el cabello, la fricción hace que los electrones se muevan del cabello al globo. Tu cabello y el globo adquieren cargas opuestas y se atraen.

Cuando una regla de plástico con carga negativa toca una varilla de metal sin carga, los electrones de la regla viajan hacia la varilla. La varilla recibe una carga negativa por conducción.

Un globo con carga negativa hace que una pequeña sección de una viga de metal tenga una carga positiva por medio de la inducción. Los electrones del metal son repelidos y alejan el globo.

Inducción

La carga por *inducción* se produce cuando las cargas de un objeto de metal sin carga se reordenan sin contacto directo con un objeto con carga. Imagina que sostienes un objeto de metal cerca de un objeto con carga positiva. Los electrones del metal son atraídos y se mueven hacia el objeto con carga positiva. Este movimiento crea (o induce) una zona de carga negativa en la superficie del metal.

Conservar cargas

Cuando cargas algo con cualquier método, las cargas no se crean ni se destruyen. El número de electrones y de protones no cambia. Los electrones simplemente se mueven de un átomo hacia otro, lo que crea zonas con diferentes cargas. Como las cargas no se crean ni se destruyen, se dice que la carga se conserva.

Detectar cargas

El *electroscopio* es un dispositivo que sirve para comprobar si algo tiene carga. Un electroscopio es un matraz de vidrio que tiene una varilla metálica en su tapón de goma. En el extremo de la varilla hay dos hojas de metal. Cuando el electroscopio no tiene carga, las hojas cuelgan derechas. Cuando el electroscopio tiene carga, las hojas se repelen o se separan.

En la **figura 4** se muestra una regla con carga negativa que está tocando la varilla del electroscopio. Los electrones se mueven de la regla hacia el electroscopio. Las hojas adquieren carga negativa y se repelen. Si algo con carga positiva toca la varilla neutral, los electrones salen del electroscopio. Entonces, las hojas adquieren carga positiva y se repelen. Un electroscopio muestra si un objeto tiene carga, pero no muestra si la carga es positiva o negativa.

Figura 4 *Cuando el electroscopio se carga, las hojas de metal tienen la misma carga y se repelen.*

✓ Comprensión de lectura ¿Para qué sirve un electroscopio?

Experimento rápido

Detectar cargas

1. Con unas **tijeras,** corta **dos tiras de papel aluminio** de 1 cm × 4 cm cada una.
2. Dobla un **clip** para hacer un gancho. (El clip se parecerá a un signo de interrogación invertido.)
3. Empuja el extremo del gancho por el centro de una **tarjeta** y pega el gancho con una cinta de manera que cuelgue derecho de la tarjeta.
4. Pon las dos tiras de aluminio una sobre la otra y cuélgalas del gancho atravesándolas despacio por el gancho.
5. Pon la tarjeta sobre la parte superior de **un frasco de vidrio.**
6. Acerca **varios objetos con carga** a la parte superior del gancho y observa lo que pasa. Explica tus observaciones.

Figura 5 *Estos cables de arranque están hechos de metal y de plástico. El primero conduce las cargas eléctricas y el segundo evita que las cargas lleguen a tus manos.*

Desplazar cargas

Observa la **figura 5.** ¿Alguna vez has notado que los cables eléctricos suelen estar hechos de metal y de plástico? Se usan distintos materiales porque las cargas eléctricas se mueven por algunos materiales con más facilidad que por otros. La mayoría de los materiales son conductores o aislantes, según la facilidad con que las cargas se mueven en ellos.

Conductores

Un **conductor eléctrico** es un material en el que las cargas se mueven fácilmente. La mayoría de los metales son buenos conductores porque algunos de sus electrones se mueven libremente. Los conductores sirven para hacer cables. Por ejemplo, el cable de una lámpara tiene el alambre y las patas del enchufe de metal. El cobre, el aluminio y el mercurio son buenos conductores.

Aislantes

Un **aislante eléctrico** es un material en el que las cargas no se mueven fácilmente. Los aislantes no conducen muy bien las cargas porque los electrones no se mueven libremente. Los electrones se mantienen unidos en los átomos de los aislantes. El material aislante del cable de una lámpara evita que te dé un toque al impedir que las cargas dejen el cable. El plástico, la goma, el vidrio, la madera y el aire son buenos aislantes.

conductor eléctrico un material en el que las cargas se mueven libremente

aislante eléctrico un material en el que las cargas no pueden moverse libremente

electricidad estática carga eléctrica en reposo; por lo general se produce por fricción o por inducción

Electricidad estática

Después de que sacas tu ropa de la secadora, a veces las prendas se adhieren unas a otras. Esto pasa debido a la electricidad estática. La **electricidad estática** es la carga eléctrica en reposo en un objeto.

Cuando algo está *estático,* no se mueve. Las cargas de la electricidad estática no se alejan del objeto en el que están. Por lo tanto, el objeto conserva su carga. Tu ropa se carga por fricción cuando se frota con otra dentro de la secadora. Mientras tu ropa da vueltas, algunas prendas pierden la carga negativa y esta carga pasa a otra prenda. Cuando la secadora se detiene, también se detiene la transferencia de cargas. Y como la ropa es un aislante, las cargas eléctricas acumuladas permanecen en cada prenda. El resultado de esta acumulación de cargas es la adherencia estática.

Descarga eléctrica

Las cargas que se acumulan en forma de electricidad estática en un objeto luego dejan ese objeto. Se llama **descarga eléctrica** a la pérdida de electricidad estática cuando la carga deja un objeto. A veces, la descarga eléctrica se produce despacio. Por ejemplo, las prendas de vestir que se adhieren por electricidad estática luego se separan solas. Con el tiempo, sus cargas eléctricas se mueven hacia las moléculas de agua que se encuentran en el aire.

descarga eléctrica la liberación de electricidad almacenada en una fuente

Otras veces, la descarga eléctrica se produce rápido. Puede ir acompañada de un destello de luz, de un toque o de un chisporroteo. Por ejemplo, cuando usas zapatos con suela de goma al caminar sobre una alfombra, las cargas negativas se acumulan en tu cuerpo. Cuando tocas la perilla de metal de la puerta, estas cargas negativas de tu cuerpo pueden saltar a la perilla. La descarga eléctrica se produce rápido y tú sientes que te da un pequeño toque.

Uno de los ejemplos más claros de descarga eléctrica es el relámpago. ¿Cómo ayuda la acumulación de electricidad estática a formar un relámpago? En la **figura 6** se muestra la respuesta.

✓ *Comprensión de lectura* ¿Qué es una descarga eléctrica?

Figura 6 **Cómo se forma un relámpago**

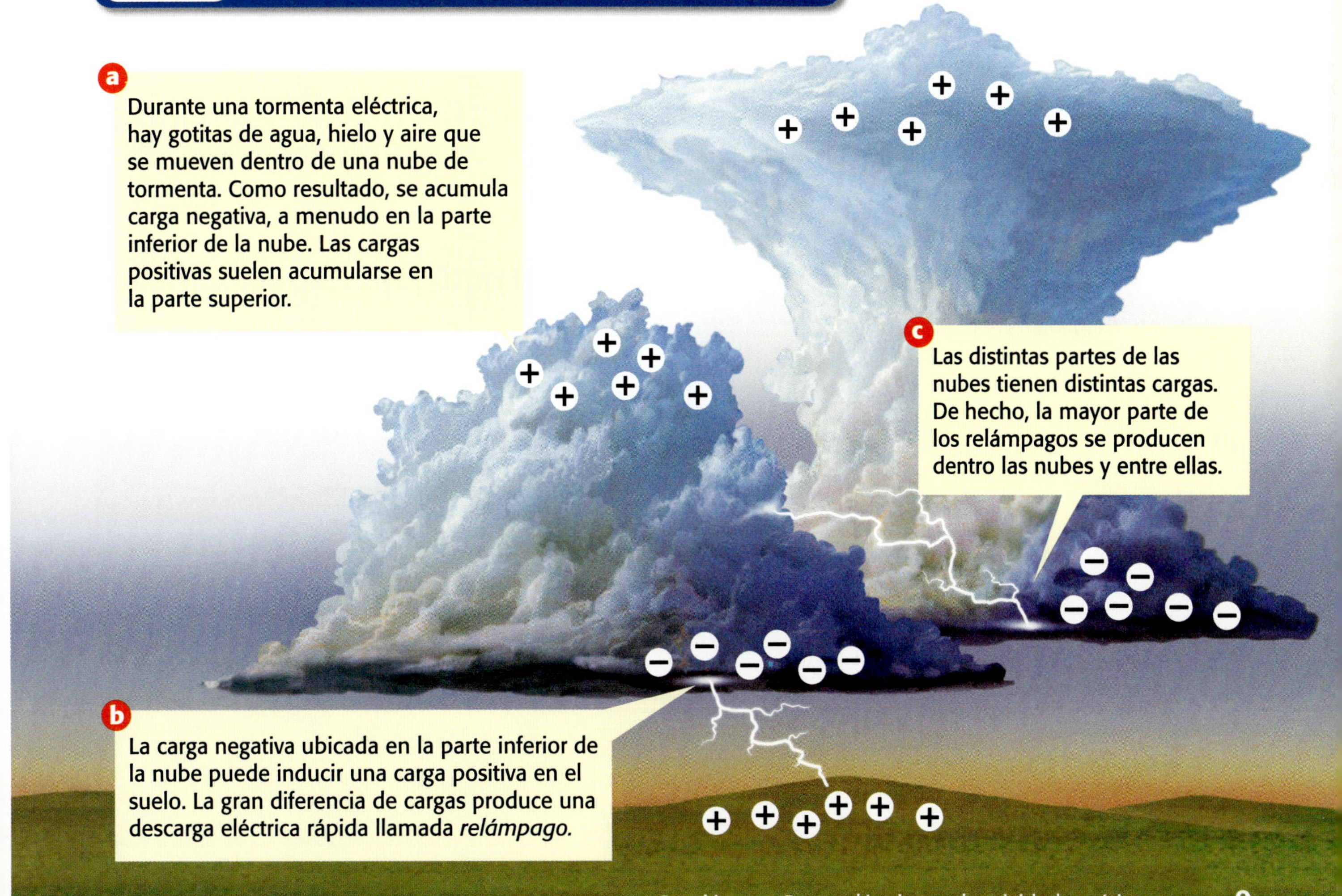

Los peligros de los relámpagos

Los relámpagos suelen caer en el punto más alto de una zona con carga porque ese punto ofrece el camino más corto para que las cargas lleguen al suelo. Cualquier cosa que sobresale en una zona puede ser un camino para el relámpago. Los árboles y las personas en zonas abiertas corren el riesgo de ser alcanzados por un relámpago. Por eso, es muy peligroso estar en la playa o en una cancha de golf durante una tormenta eléctrica. Incluso es peligroso estar parado debajo de un árbol durante una tormenta. Las cargas de un relámpago que cae sobre un árbol pueden saltar a tu cuerpo.

Comprensión de lectura **¿Por qué es peligroso estar al aire libre durante una tormenta?**

CONEXIÓN CON los estudios sociales

Benjamín Franklin Además de ser estadista, Benjamín Franklin era científico. Investiga el descubrimiento de Franklin sobre el relámpago como una forma de electricidad. Haz un cartel en el que describas los procedimientos que usó, los términos que inventó y los inventos que diseñó con relación a la electricidad.

ACTIVIDAD

Pararrayos

Un pararrayos es una varilla puntiaguda que está conectada al suelo por un cable. Los pararrayos suelen instalarse de forma tal que se convierten en el punto más alto de un edificio, como se muestra en la **figura 7.** Los objetos, como el pararrayos, que están conectados a la Tierra por un conductor, como un cable, tienen una *conexión a tierra.* Cualquier objeto que tiene una conexión a tierra ofrece un camino para que las cargas eléctricas se muevan hacia la Tierra. Como la Tierra es tan grande, puede eliminar o absorber cargas sin sufrir daños. Cuando un relámpago cae sobre un pararrayos, el cable del pararrayos conduce las cargas eléctricas hacia la Tierra en forma segura. Al dirigir la carga hacia la Tierra, los pararrayos evitan que los relámpagos dañen los edificios.

Figura 7 *Un relámpago choca contra el pararrayos en vez de chocar contra el edificio porque el pararrayos es el punto más alto del edificio.*

REPASO DE LA sección

Resumen

- La ley de las cargas eléctricas establece que las cargas iguales se repelen y las cargas opuestas se atraen.
- La magnitud de la fuerza eléctrica entre dos objetos depende de la magnitud de las cargas que ejercen la fuerza y de la distancia entre los objetos.
- Los objetos con carga ejercen una fuerza entre sí que puede hacer que un objeto mueva al otro.
- Los objetos se cargan cuando ganan o pierden electrones.
- Los objetos se cargan por fricción, por conducción o por inducción.
- Las cargas no se crean ni se destruyen, sino que se dice que se conservan.
- Las cargas se mueven con facilidad en los conductores, pero no se mueven con facilidad en los aislantes.
- La electricidad estática es la acumulación de cargas eléctricas en un objeto. Se pierde a través de la descarga eléctrica.

Usar términos clave

Explica la diferencia entre los siguientes pares de términos:

1. *electricidad estática* y *descarga eléctrica*
2. *fuerza eléctrica* y *campo eléctrico*
3. *conductor eléctrico* y *aislante eléctrico*

Comprender las ideas principales

4. ¿Cuál de las siguientes opciones es un aislante?
   a. el cobre
   b. la goma
   c. el aluminio
   d. el hierro
5. Compara los tres métodos de carga.
6. ¿Qué dice la ley de las cargas eléctricas sobre dos objetos que tienen carga positiva?
7. Da dos ejemplos de electricidad estática.
8. Menciona dos ejemplos de descarga eléctrica.

Razonamiento crítico

9. **Analizar procesos** Imagina que tocas la parte superior de un electroscopio con un objeto. Las hojas de metal se separan. ¿Puedes determinar si la carga es positiva o negativa? Explica tu respuesta.
10. **Aplicar conceptos** ¿Por qué es importante que el objeto con carga toque la varilla metálica de un electroscopio y no el tapón de goma?

Interpretar gráficas

La siguiente fotografía muestra dos globos con carga. Consúltala para contestar las siguientes preguntas.

11. ¿Los globos tienen la misma carga o cargas opuestas? Explica tu respuesta.
12. ¿Cómo se vería la fotografía si a cada globo se le diera la carga opuesta a la que tiene ahora? Explica tu respuesta.

SCILINKS® NSTA
Desarrollo y mantenimiento a cargo de la Asociación Nacional de Maestros de Ciencias

Para ver diversos enlaces relacionados con este capítulo, visita www.scilinks.org
Tema*: Electricidad estática
Código de SciLinks: HSM1451

*(Sólo en inglés)

SECCIÓN 2

Corriente eléctrica y energía eléctrica

Es posible que no te hayas dado cuenta de que cuando miras la televisión, usas una computadora o simplemente enciendes un foco, dependes de que las cargas se muevan para generar la energía eléctrica que necesitas.

La *energía eléctrica* es la energía de las cargas eléctricas. En la mayoría de los objetos que funcionan con energía eléctrica, las cargas eléctricas fluyen por los cables. Continúa leyendo para aprender más sobre cómo se forma este flujo de cargas, llamado *corriente eléctrica,* y cómo se controla en los objetos que usas a diario.

PREPARACIÓN PARA LA LECTURA

Objetivos

- Describe la corriente eléctrica.
- Describe el voltaje y su relación con la corriente eléctrica.
- Describe la resistencia y su relación con la corriente eléctrica.
- Explica cómo una celda genera energía eléctrica.
- Describe cómo los termopares y las fotoceldas generan energía eléctrica.

Términos clave

corriente eléctrica
voltaje
resistencia
celda
termopar
fotocelda

ESTRATEGIA DE LECTURA

Organizador de lectura Mientras lees esta sección, haz una tabla para comparar la corriente eléctrica, el voltaje y la resistencia.

Corriente eléctrica

Una **corriente eléctrica** es la tasa a la que las cargas pasan por un punto dado. Cuanto mayor es la corriente, mayor es el número de cargas que pasan por ese punto por segundo. La corriente eléctrica se expresa en unidades llamadas *amperes,* que suelen abreviarse *amps.* El símbolo del *ampere* es A. Y en las ecuaciones, el símbolo de la corriente es la letra *I.*

✓ **Comprensión de lectura** **¿Cuál es la unidad de medida de la corriente eléctrica?** (*Consulta en el Apéndice las respuestas de comprensión de lectura.*)

Hacer que las cargas se muevan

Cuando enciendes una linterna, la luz aparece al instante. ¿Pero las cargas de la batería llegan de inmediato al foco? No. Cuando aprietas el botón de la linterna, se establece un campo eléctrico en el cable a la velocidad de la luz. Y el campo eléctrico hace que los electrones libres del cable se muevan. La energía de cada electrón se transfiere en el acto al siguiente electrón, como se muestra en la **figura 1.**

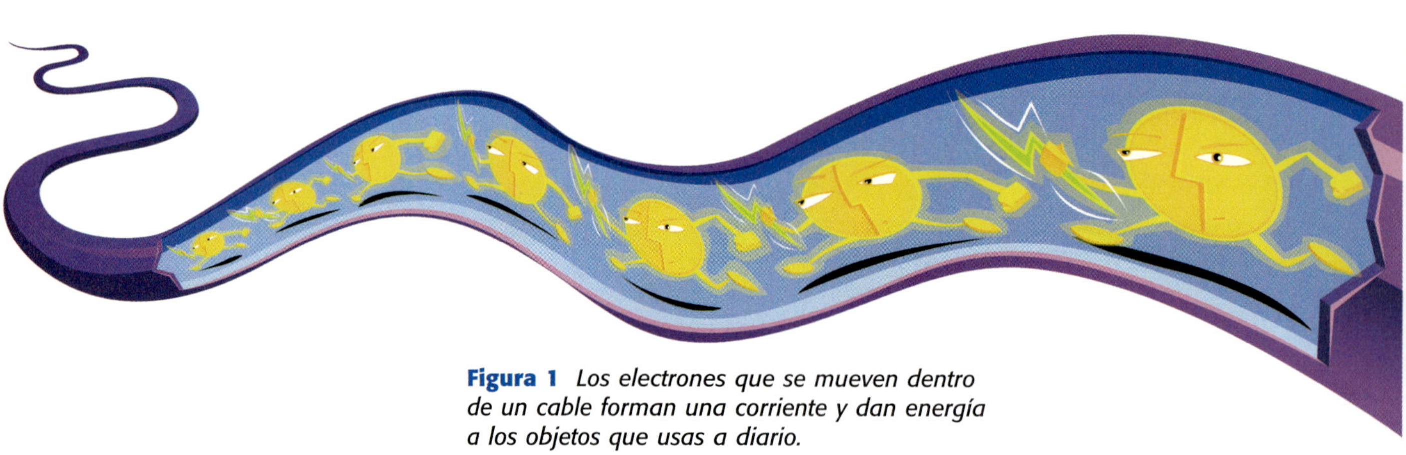

Figura 1 *Los electrones que se mueven dentro de un cable forman una corriente y dan energía a los objetos que usas a diario.*

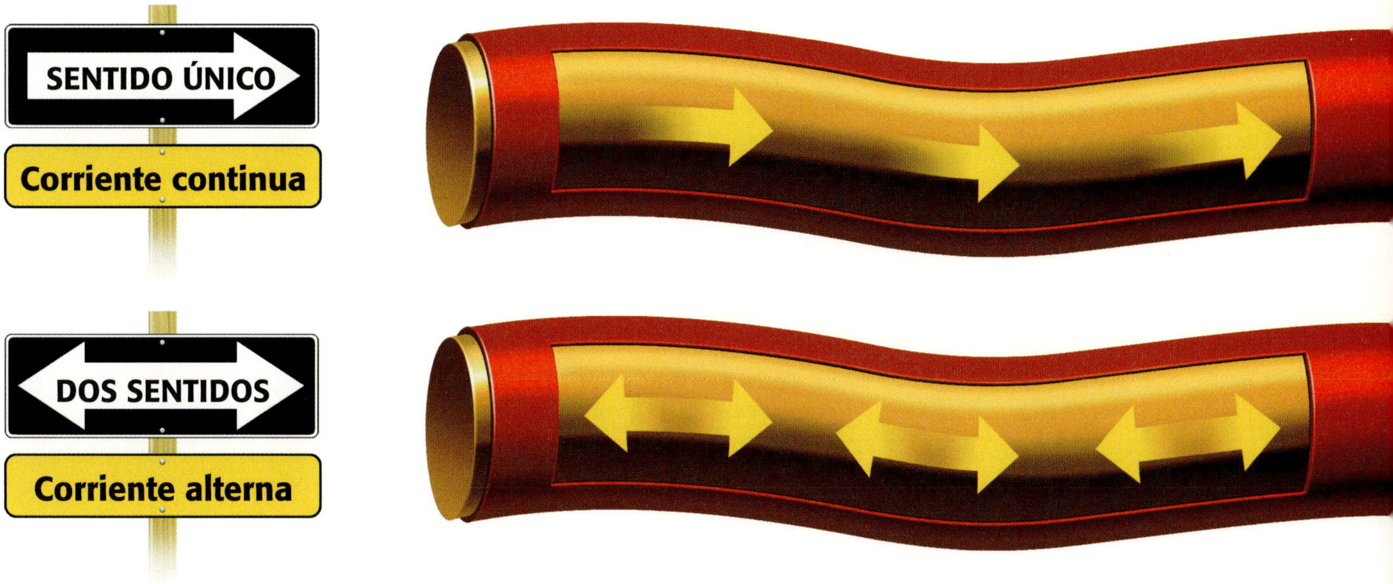

Figura 2 *Las cargas se mueven en una sola dirección en la CC, pero cambian de dirección continuamente en la CA.*

Ordenar a los electrones que se muevan

Este campo eléctrico se crea con tanta rapidez que todos los electrones empiezan a moverse por el cable en el mismo instante. Imagina que el campo eléctrico es como una orden que se les da a los electrones para que avancen. La luz aparece instantáneamente porque todos los electrones obedecen esa orden al mismo tiempo. Por lo tanto, la corriente que enciende el foco se establece muy rápido, a pesar de que cada electrón se mueve bastante despacio. De hecho, un solo electrón puede tardar más de una hora en viajar 1 m a través de un cable.

corriente eléctrica la tasa a la que las cargas pasan por un punto determinado; se mide en amperes

CA y CC

Hay dos tipos de corriente eléctrica: la corriente continua (CC) y la corriente alterna (CA). Observa la **figura 2.** En la corriente continua, las cargas siempre fluyen en la misma dirección. En la corriente alterna, las cargas todo el tiempo pasan de fluir en una dirección a fluir en la dirección opuesta.

La corriente eléctrica de las baterías que se usan en una cámara es CC. La corriente eléctrica de los tomacorrientes de tu casa es CA. En Estados Unidos, la corriente alterna cambia de dirección 120 veces por segundo, es decir, tiene 60 ciclos por segundo.

Ambos tipos de corriente te dan energía eléctrica. Por ejemplo, si conectas el foco de una linterna a una batería, el foco se enciende. De igual modo, si pones un foco de tu casa en una lámpara y enciendes la lámpara, el foco también se enciende.

Comprensión de lectura **¿Cuáles son los dos tipos de corriente eléctrica?**

voltaje la diferencia de potencial entre dos puntos; medida en voltios

Voltaje

Si estás montado en una bicicleta en la cima de una pendiente, sabes que puedes bajar rodando hasta la base. Puedes rodar cuesta abajo por la diferencia de altura entre los dos puntos. La "pendiente" que hace que las cargas de un circuito se muevan es el voltaje. El **voltaje** es la diferencia de potencial entre dos puntos de un circuito. Se expresa en volts o voltios (V). En las ecuaciones, el símbolo del voltaje es la letra *V*.

Comprensión de lectura **¿Cuál es la unidad de medida del voltaje?**

Voltaje y energía

El voltaje mide cuánto trabajo se necesita para mover una carga entre dos puntos. Piensa en el voltaje como en la cantidad de energía liberada a medida que la carga se mueve entre dos puntos en el camino de la corriente. Cuanto mayor es el voltaje, mayor energía se libera por carga.

Voltaje y corriente eléctrica

Siempre que hay un voltaje entre dos puntos de un cable, las cargas fluyen por el cable. La magnitud de la corriente depende del voltaje. Cuanto mayor es el voltaje, mayor es la corriente. Una mayor corriente significa que hay más cargas moviéndose en el cable por segundo. Se necesita una corriente de gran magnitud para poner en marcha un automóvil. Por eso, la batería de un automóvil tiene un voltaje relativamente alto de 12 V. En la **figura 3** se muestran baterías que tienen distintos voltajes. Si tienes un aparato que funciona con corriente continua, una de estas baterías podría servirte.

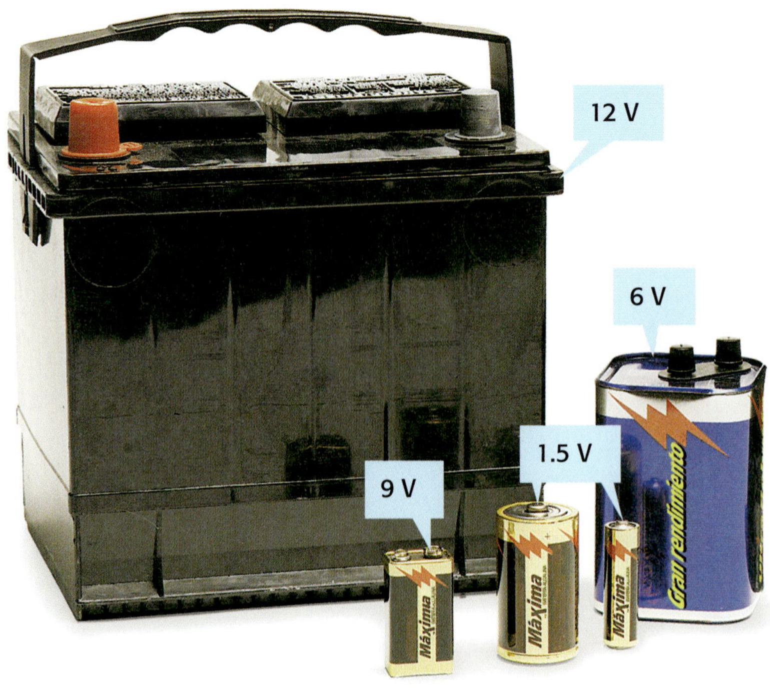

Figura 3 *Las baterías vienen de varios voltajes para que puedan usarse en distintos aparatos.*

Figura 4 *¡Una anguila eléctrica puede crear un voltaje de más de 600 V!*

La naturaleza variable del voltaje

Los objetos que funcionan con baterías suelen necesitar un voltaje bajo. Por ejemplo, un radio portátil necesita sólo 3 V. Compara el voltaje de ese radio con el voltaje creado por la anguila de la **figura 4.** La mayoría de los aparatos eléctricos de tu casa usan la corriente alterna de un tomacorriente. En Estados Unidos, los tomacorrientes eléctricos generalmente proveen CA a 120 V. Por eso, la mayoría de los aparatos eléctricos, como los televisores, los tostadores y los relojes despertadores, se fabrican para que funcionen a 120 V.

CONEXIÓN CON la biología

Ayuda para un corazón Las células marcapasos del corazón producen corrientes eléctricas bajas a intervalos regulares para hacer latir el corazón. Durante un ataque cardíaco, las células marcapasos no funcionan juntas y el corazón late irregularmente. Investiga cómo los médicos a veces "hacen arrancar" el corazón durante un ataque cardíaco. Haz un cartel para comentar tus conclusiones.

ACTIVIDAD

Resistencia

La resistencia es otro factor que determina la cantidad de corriente que hay en un cable. La **resistencia** es la oposición al flujo de la carga eléctrica. La resistencia se expresa en ohms (Ω, la letra griega *omega*). En las ecuaciones, el símbolo de la resistencia es la letra *R*.

Puedes pensar en la resistencia como una "fricción eléctrica". Cuanto mayor es la resistencia de un material, menor es la corriente en el material. Por lo tanto, si el voltaje no cambia, a medida que la resistencia aumenta, la corriente disminuye. La resistencia de un objeto depende del material, del grosor, de la longitud y de la temperatura del objeto.

resistencia en ciencias físicas, la oposición que un material o un aparato presenta a la corriente

Resistencia y material

Los buenos conductores, como el cobre, tienen poca resistencia. Los malos conductores, como el hierro, tienen mayor resistencia. La resistencia de los aislantes es tan alta que las cargas eléctricas no fluyen en ellos. Los materiales con baja resistencia, como el cobre, se usan para hacer cables. Pero los materiales con alta resistencia también son útiles. La alta resistencia del filamento que se encuentra dentro de un foco hace que el foco se caliente y emita luz.

Figura 5 **Un modelo de resistencia**

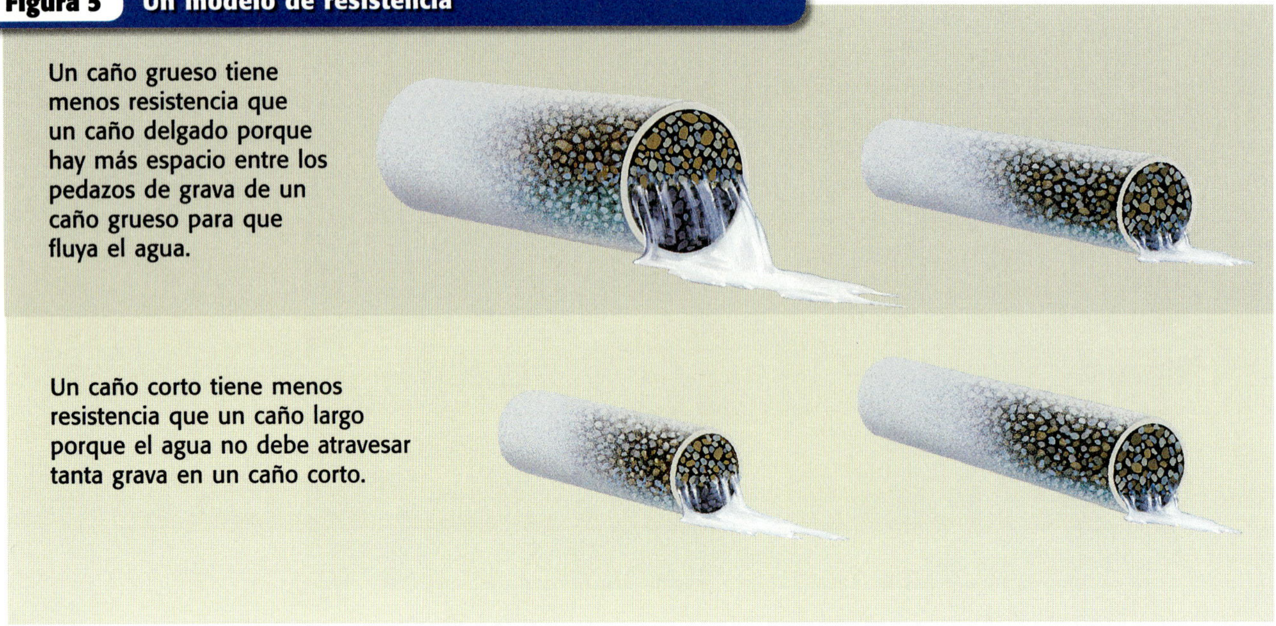

Resistencia, grosor y longitud

Para comprender cómo el espesor y la longitud de un cable afectan a la resistencia de ese cable, observa el modelo de la **figura 5.** El caño lleno de grava representa un cable. El agua que fluye por el caño representa las cargas eléctricas.

Resistencia y temperatura

La resistencia también depende de la temperatura. En general, la resistencia de los metales aumenta a medida que aumenta la temperatura. Los átomos vibran más rápido a temperaturas más elevadas y se interponen en el camino de las cargas eléctricas que fluyen. Si enfrías ciertos materiales a una temperatura muy baja, la resistencia caerá a 0 Ω. Los materiales que se encuentran en este estado se llaman *superconductores*. En la **figura 6** se muestra un superconductor pequeño. Cuando las cargas eléctricas se mueven en un superconductor, se derrocha muy poca energía. Sin embargo, se necesita una gran cantidad de energía para enfriarlos. Los científicos están estudiando cómo usar los superconductores para almacenar y transmitir energía.

Figura 6 *Una propiedad interesante de los superconductores es que repelen los imanes. El superconductor de esta foto repele el imán con tanta fuerza que el imán flota.*

Figura 7 Cómo funciona una celda

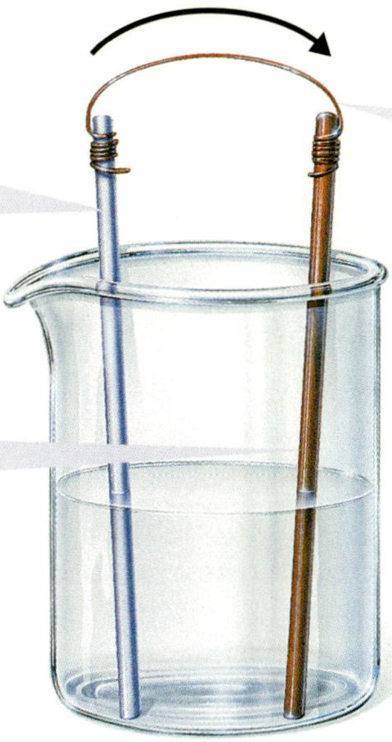

Generar energía eléctrica

Sabes que la energía no se crea ni se destruye. Sólo se transforma en otro tipo de energía. Hay muchas cosas que transforman los distintos tipos de energía en energía eléctrica. Por ejemplo, los generadores transforman la energía mecánica en energía eléctrica. Las **celdas** transforman la energía química o radiante en energía eléctrica. Las baterías están formadas por una o más celdas.

celda en electricidad, un aparato que produce una corriente eléctrica transformando la energía química o radiante en energía eléctrica

Partes de una celda

Una celda, como la que se muestra en la **figura 7,** contiene una mezcla de compuestos químicos que recibe el nombre de *electrolito.* Los electrolitos permiten que las cargas fluyan. Cada celda tiene también un par de electrodos hechos de materiales conductores. Un *electrodo* es la parte de la celda por la que las cargas entran o salen. Los cambios químicos que se producen entre el electrolito y los electrodos transforman la energía química en energía eléctrica.

Tipos de celdas

Las celdas húmedas y las celdas secas son dos tipos diferentes de celdas. Las celdas húmedas, como se muestra en la **figura 7,** tienen electrolitos líquidos. La batería de un automóvil está formada por varias celdas húmedas que usan ácido sulfúrico como el electrolito. Para hacer tu propia celda húmeda, clava tiras de zinc y de cobre en un limón. Cuando las tiras de metal se conectan, se genera suficiente energía eléctrica como para hacer funcionar un reloj pequeño, como se muestra en la **figura 8.** Las celdas secas funcionan de forma similar. Pero los electrolitos de las celdas secas son sólidos o tienen la consistencia de una pasta. Las celdas usadas en los radios pequeños y en las linternas son tipos de celdas secas.

Figura 8 *Esta celda usa el jugo de un limón como electrolito y las tiras de zinc y de cobre como electrodos.*

Comprensión de lectura ¿Cuáles son los dos tipos de celdas?

termopar un aparato que transforma la energía térmica en energía eléctrica

fotocelda un aparato que transforma la energía luminosa en energía eléctrica

Termopares

La energía térmica puede transformarse en energía eléctrica por medio de un **termopar.** Un termopar simple, como se muestra en la **figura 9,** se hace uniendo cables de dos metales distintos en un ciclo. La diferencia de temperatura dentro del ciclo hace que las cargas fluyan por el ciclo. Cuanto más grande es la diferencia de temperatura, mayor es la corriente. Los termopares no suelen generar mucha energía. Pero son útiles para monitorear la temperatura de los motores de los automóviles, de las calderas y de los hornos.

Fotoceldas

Si observas una calculadora solar, verás una tira oscura llamada *panel solar.* Este panel está formado por varias fotoceldas. Una **fotocelda** transforma la energía luminosa en energía eléctrica. ¿Cómo funcionan las fotoceldas? La mayoría de las fotoceldas tienen átomos de silicio. Mientras la luz brilla en la fotocelda, los electrones adquieren la suficiente energía para moverse entre los átomos. Los electrones luego se mueven por un cable para proveer energía eléctrica para hacer funcionar un aparato, como una calculadora.

En los paneles más grandes, las fotoceldas proveen de energía a los edificios y a los automóviles. Incluso los satélites usan grandes paneles de fotoceldas. Al transformar la energía luminosa en energía eléctrica, las fotoceldas proveen de energía a los aparatos del satélite para mantenerlos en funcionamiento.

Comprensión de lectura **¿Qué dispositivo transforma la energía luminosa en energía eléctrica?**

ACTIVIDAD EN INTERNET

Para hacer otra actividad relacionada con este capítulo, visita **go.hrw.com** y escribe la palabra clave **HP5ELEW.** (Disponible sólo en inglés)

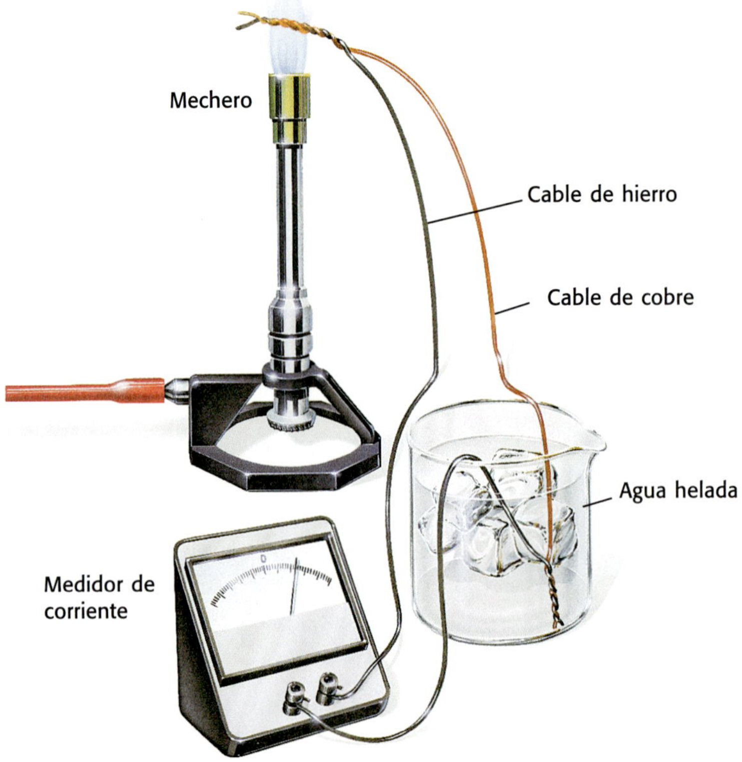

Figura 9 *En un termopar simple, una sección del ciclo se calienta y una sección se enfría.*

REPASO DE LA sección

Resumen

- La corriente eléctrica es la tasa a la que las cargas pasan por un punto determinado.
- Una corriente eléctrica se crea cuando existe una diferencia de potencial entre dos puntos.
- A medida que aumenta el voltaje, o la diferencia de potencial, aumenta la corriente.
- La resistencia de un objeto varía según el material, el grosor, la longitud y la temperatura del objeto. A medida que aumenta la resistencia, disminuye la corriente.
- Las celdas y las baterías transforman la energía química o la energía radiante en energía eléctrica.
- Los termopares y las fotoceldas son dispositivos que se usan para generar energía eléctrica.

Usar términos clave

Escoge el término correcto del banco de palabras para completar las siguientes oraciones.

voltaje	corriente eléctrica
resistencia	celda

1. La tasa a la que las cargas pasan por un punto se llama ___.
2. La oposición al flujo de carga se llama ___.
3. Otro término para definir la *diferencia de potencial* es ___.
4. Un dispositivo que transforma la energía química en energía eléctrica es un/una ___.

Comprender las ideas principales

5. ¿Cuál de los siguientes factores afecta a la resistencia de un objeto?
   a. el grosor del objeto
   b. la longitud del objeto
   c. la temperatura del objeto
   d. Todos los anteriores
6. Nombra las partes de una celda y explica cómo trabajan juntas para generar una corriente eléctrica.
7. Compara la corriente alterna con la corriente continua.
8. ¿Qué diferencia hay entre la corriente que genera una celda de linterna de 1.5 V y la que genera una batería de automóvil de 12 V si la resistencia es la misma?
9. ¿De qué manera afecta a la corriente un aumento de la resistencia?

Razonamiento crítico

10. **Comparar** Un amigo tiene dificultad para estudiar los tipos de celdas de esta sección. Explícale que los términos *fotocelda* y *termopar* encierran pistas que lo ayudarán a recordar el tipo de energía que absorbe cada dispositivo.
11. **Inferir** ¿Por qué crees que algunas calculadoras que contienen fotoceldas también llevan baterías?
12. **Aplicar conceptos** ¿Qué cable tiene menor resistencia: un cable de hierro largo y delgado a alta temperatura o un cable de cobre corto y grueso a baja temperatura?

Interpretar gráficas

13. Los cables de la siguiente ilustración son de cobre y tienen la misma temperatura. ¿Cuál de los dos tendrá menor resistencia? Explica tu respuesta.

SECCIÓN 3

Cálculos eléctricos

Un maestro alemán llamado Georg Ohm quiso saber qué relación hay entre la corriente eléctrica, el voltaje y la resistencia.

PREPARACIÓN PARA LA LECTURA

Objetivos

- Usa la ley de Ohm para calcular el voltaje, la corriente y la resistencia.
- Calcula la potencia eléctrica.
- Determina la energía eléctrica que consume un aparato.

Términos clave

potencia eléctrica

ESTRATEGIA DE LECTURA

Resumen en parejas Lee esta sección en silencio. Túrnate con un compañero para resumir el material. Hagan pausas para comentar las ideas que les resulten confusas.

Relacionar la corriente, el voltaje y la resistencia

Ohm (1789–1854) estudió la resistencia de los materiales. Midió la corriente que resultaba de los distintos voltajes aplicados a un trozo de cable de metal. La gráfica a la izquierda de la **figura 1** es similar a la gráfica de sus resultados.

La ley de Ohm

Ohm descubrió que la relación entre el voltaje (*V*) y la corriente (*I*) es una constante para cada material. Esta relación es la resistencia (*R*) del material. Cuando el voltaje se expresa en volts (V) y la corriente es en amperes (A), la resistencia es en ohms (Ω). La siguiente ecuación suele llamarse la *ley de Ohm* debido al trabajo de Ohm.

$$R = \frac{V}{I}, \text{ ó } V = I \times R$$

A medida que aumenta la resistencia, disminuye la corriente. Y a medida que disminuye la resistencia, aumenta la corriente. La segunda gráfica de la **figura 1** muestra esta relación. Fíjate que si multiplicas la corriente y la resistencia para cualquier punto, obtienes 16 V.

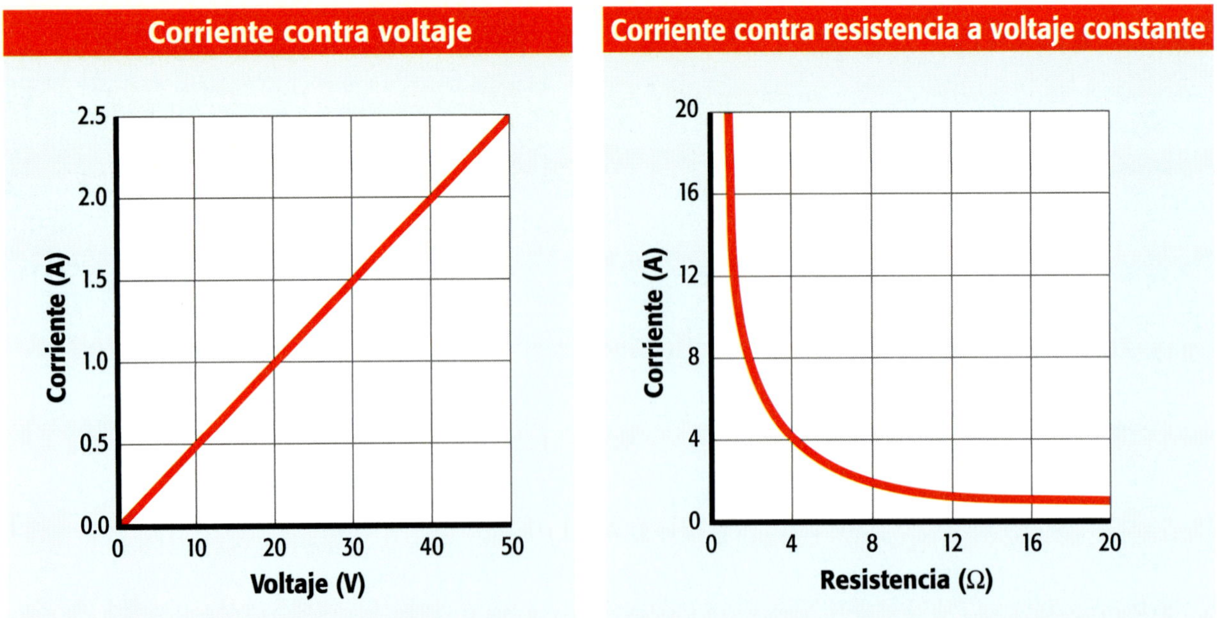

Figura 1 *La relación entre la corriente y el voltaje es diferente de la relación entre la corriente y la resistencia.*

Enfoque matemático

Usar la ley de Ohm ¿Cuál es el voltaje si la corriente es 2 A y la resistencia es 12 Ω?

Paso 1: Escribe la ecuación del voltaje.

$$V = I \times R$$

Paso 2: Sustituye la corriente y la resistencia con las mediciones dadas en el problema y resuelve.

$$V = 2\ \text{A} \times 12\ \Omega$$

$$V = 24\ \text{V}$$

Ahora es tu turno

1. Halla el voltaje si la corriente es 0.2 A y la resistencia es 2 Ω.
2. La resistencia de un objeto es 4 Ω. Si la corriente en el objeto es 9 A, ¿qué voltaje debe usarse?
3. Un objeto tiene una resistencia de 20 Ω. Calcula el voltaje necesario para producir una corriente de 0.5 A.

Potencia eléctrica

La tasa a la que la energía eléctrica se transforma en otras formas de energía es la **potencia eléctrica.** La unidad de potencia es el watt (W) y el símbolo para la potencia es la letra *P.* La potencia eléctrica se expresa en watts cuando el voltaje está en volts y la corriente está en amperes. La potencia eléctrica se calcula con la siguiente ecuación:

potencia eléctrica la tasa a la que la energía eléctrica se transforma en otras formas de energía

potencia = voltaje × corriente, ó $P = V \times I$

Watt: la unidad de potencia

Si alguna vez has cambiado un foco, es posible que ya sepas algo sobre los watts. Los focos, como los de la **figura 2,** tienen rótulos que dicen "60 W", "75 W" ó "120 W". Cuando el foco recibe la energía eléctrica, el foco emite luz. A medida que la potencia aumenta, el foco emite más luz porque más energía eléctrica se transforma en energía luminosa. La clasificación de mayor potencia de un foco de 120 W te dice que emite más luz que un foco de 60 W.

Otra unidad común de potencia es el kilowatt (kW). Un kilowatt es igual a 1,000 W. Los kilowatts se usan para expresar valores altos de potencia, como la potencia necesaria para calentar una casa.

Comprensión de lectura **¿Cuáles son dos unidades comunes de potencia eléctrica?** (*Consulta en el Apéndice las respuestas de comprensión de lectura.*)

Figura 2 *Estos focos tienen voltajes diferentes y, por lo tanto, usan cantidades diferentes de potencia eléctrica.*

Figura 3 *Estas fotografías se tomaron con 10 días de diferencia. De acuerdo con los discos del medidor, se consumieron 101 kWh de energía.*

Medir la energía eléctrica

Las compañías de electricidad venden energía eléctrica a los hogares y a las empresas. Esas compañías determinan cuánto tiene que pagar un hogar o una empresa tomando en cuenta la potencia y el tiempo. Por ejemplo, la cantidad de energía eléctrica que se consume en un hogar depende de la potencia de los aparatos eléctricos del hogar y de la cantidad de tiempo que esos aparatos permanecen encendidos. La ecuación de la energía eléctrica es la siguiente:

$$\textit{energía eléctrica} = \textit{potencia} \times \textit{tiempo, ó } E = P \times t$$

Medir el consumo de energía de un hogar

En un hogar se consumen distintas cantidades de energía eléctrica por día. Las compañías de electricidad suelen calcular la energía eléctrica multiplicando la potencia en kilowatts por el tiempo en horas. La unidad de energía eléctrica suele ser kilowatts-hora (kWh). Si se usan 2,000 W (2 kW) en 3 h, entonces se consumen 6 kWh de energía.

Las compañías de electricidad usan medidores, como el que se muestra en la **figura 3,** para determinar cuántos kilowatts-horas de energía se consumen en un hogar. Estos medidores suelen estar fuera de los edificios para que un empleado de la compañía de electricidad pueda leerlos.

✓ Comprensión de lectura **¿Qué unidad de medida suele usarse para expresar la energía eléctrica?**

Enfoque Matemático

Potencia y energía Un televisor pequeño usa una corriente de 0.42 A a 120 V. ¿Cuál es la potencia del televisor? ¿Cuánta energía se consume si el televisor permanece encendido 3 h?

Paso 1: Escribe la ecuación de potencia.

$$P = V \times I$$

Paso 2: Sustituye el voltaje y la corriente con las mediciones dadas en el problema y resuelve.

$$P = 120 \text{ V} \times 0.42 \text{ A}$$

$$P = 50.4 \text{ W, ó } 0.0504 \text{ kW}$$

Paso 3: Escribe la ecuación de la energía eléctrica.

$$E = P \times t$$

Paso 4: Sustituye la potencia y el tiempo con las mediciones dadas en el problema y resuelve.

$$E = 0.0504 \text{ kW} \times 3 \text{ h}$$

$$E = 0.1512 \text{ kWh}$$

Ahora es tu turno

1. El monitor de una computadora usa 1.2 A a un voltaje de 120 V. ¿Cuál es la potencia del monitor?
2. Un foco usa una corriente de 0.5 A a un voltaje de 120 V. ¿Cuál es la potencia del foco?
3. ¿Cuánta energía eléctrica consume un foco de 100 W si permanece encendido 24 h?

Cómo ahorrar energía

Todos los aparatos eléctricos usan energía. Pero un ventilador, como el que se muestra en la **figura 4,** en realidad te permite ahorrar energía. Si usas un ventilador, puedes apagar un acondicionador de aire. Otra forma de ahorrar energía es reemplazar objetos que tienen potencia alta con objetos que tienen una potencia más baja. También ayuda apagar las luces cuando no se usan.

Figura 4 *Usar un ventilador para estar fresco y un tostador pequeño en lugar de uno más grande son formas de ahorrar energía.*

ACTIVIDAD

Ahorrar energía

DESTREZA DE REDACCIÓN Con uno de tus padres, identifica la potencia de cada uno de los focos de tu casa y estima cuánto tiempo permanece encendido cada uno durante un día. En tu **diario de ciencias,** determina cuánta energía eléctrica consume cada foco por día. Luego, describe dos modos de ahorrar energía con los focos.

DE LA ESCUELA A CASA

REPASO DE LA sección

Resumen

- La ley de Ohm describe la relación entre la corriente, la resistencia y el voltaje.
- La potencia eléctrica es la tasa a la que la energía eléctrica se transforma en otras formas de energía.
- La energía eléctrica es la potencia eléctrica multiplicada por el tiempo. En general, se expresa en kilowatts-hora.

Usar términos clave

1. Define el término *potencia eléctrica* en tus propias palabras.

Comprender las ideas principales

2. ¿Cuál de las siguientes opciones corresponde a la ley de Ohm?
   a. $E = P \times t$
   b. $I = V \times R$
   c. $P = V \times I$
   d. $V = I \times R$
3. El circuito A tiene el doble de resistencia que el circuito B. El voltaje es el mismo en ambos circuitos. ¿Qué circuito tiene la corriente más alta?

Destrezas matemáticas

4. Usa la ley de Ohm para hallar el voltaje necesario para generar una corriente de 3 A en una resistencia de 9 Ω.
5. ¿Cuánta energía eléctrica consume un foco de 40 W si permanece encendido durante 12 h?

Razonamiento crítico

6. **Aplicar conceptos** Explica por qué aumentar el voltaje aplicado a un cable puede tener el mismo efecto en la corriente del cable que disminuir la resistencia de dicho cable.
7. **Identificar relaciones** Consulta las ecuaciones de esta sección y crea una ecuación para hallar la energía eléctrica a partir del tiempo, la corriente y la resistencia.

SCILINKS. NSTA Desarrollo y mantenimiento a cargo de la Asociación Nacional de Maestros de Ciencias

Para ver diversos enlaces relacionados con este capítulo, visita www.scilinks.org
Tema*: Energía eléctrica
Código de SciLinks: HSM0475

*(Sólo en inglés)

SECCIÓN 4

Circuitos eléctricos

Piensa en una montaña rusa. Empiezas despacio y tranquilo. Luego, vas a toda velocidad por las vías. Al cabo de unos emocionantes minutos, ¡vuelves a estar justo donde empezaste!

El carrito de una montaña rusa sigue un camino fijo. El paseo comienza y termina en el mismo punto. Este tipo de camino cerrado se llama *circuito.*

PREPARACIÓN PARA LA LECTURA

Objetivos

- Nombra las tres partes esenciales de un circuito.
- Compara los circuitos en serie con los circuitos paralelos.
- Explica cómo los fusibles y los disyuntores protegen tu casa de los cortocircuitos y de la sobrecarga de los circuitos.

Términos clave

circuito en serie
circuito paralelo

ESTRATEGIA DE LECTURA

Lluvia de ideas La idea clave de esta sección es el circuito eléctrico. Piensa en palabras y frases relacionadas con los circuitos eléctricos.

Partes de un circuito eléctrico

Al igual que una montaña rusa, un circuito eléctrico siempre forma un ciclo: empieza y termina en el mismo lugar. Como el circuito forma un ciclo, un circuito es un camino cerrado. Por lo tanto, un *circuito eléctrico* es un camino completo y cerrado por el que fluyen las cargas eléctricas.

Todos los circuitos necesitan tres partes básicas: una fuente de energía, cables y una carga. Las cargas, como un foco o un radio, se conectan a la fuente de energía por medio de cables. Las cargas transforman la energía eléctrica en otras formas de energía. Estas otras formas pueden ser la energía térmica, la energía luminosa o la energía mecánica. Mientras las cargas transforman la energía eléctrica en otras formas de energía, ofrecen alguna resistencia a las corrientes eléctricas. En la **figura 1** se muestran ejemplos de las partes de un circuito.

Comprensión de lectura **¿Cuáles son las tres partes de un circuito eléctrico?** (*Consulta en el Apéndice las respuestas de comprensión de lectura.*)

Figura 1 Partes necesarias de un circuito

La **fuente de energía** puede ser una batería, una fotocelda, un termopar o un generador eléctrico en una central eléctrica.

Los **cables** conectan las otras partes de un circuito. Los cables están hechos de materiales conductores que tienen baja resistencia, como el cobre.

Los focos, los aparatos eléctricos, los televisores y los motores son ejemplos de **cargas.**

Figura 2 **Usar una llave**

Cuando **se cierra la llave,** los dos trozos de material conductor entran en contacto y esto permite que las cargas eléctricas fluyan por el circuito.

Cuando **se abre la llave,** el espacio que queda entre los dos trozos de material conductor impide que las cargas eléctricas viajen por el circuito.

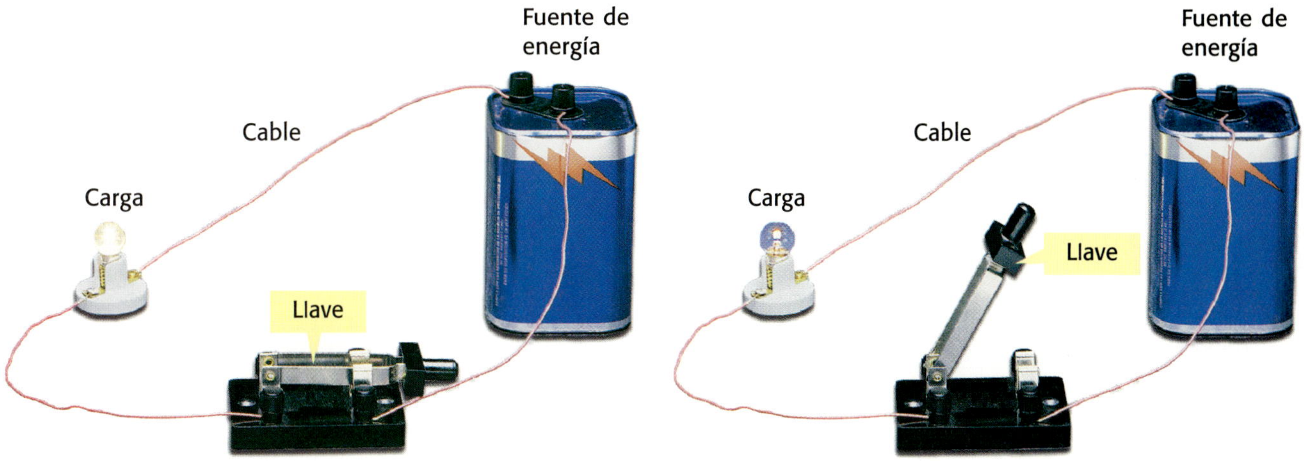

Una llave para controlar un circuito

A veces, un circuito también tiene una llave, como la que se muestra en la **figura 2.** Una llave sirve para abrir y cerrar un circuito. Una llave suele hacerse con dos trozos de material conductor, uno de los cuales se mueve. Para que las cargas fluyan por un circuito, la llave debe estar cerrada o "encendida". Si la llave está abierta o "apagada", el ciclo del circuito se rompe. Las cargas no pueden fluir por un circuito roto. Las llaves de la luz, los botones de encendido de los radios e incluso las teclas de las calculadoras y de las computadoras abren y cierran circuitos.

Tipos de circuitos

Mira alrededor de la habitación. Cuenta el número de objetos que funcionan con energía eléctrica. Habrás encontrado objetos, como luces, un reloj y tal vez una computadora. Todas las cosas que contaste son cargas de un circuito grande. El circuito puede conectar más de una habitación en el edificio. De hecho, la mayoría de los circuitos tienen más de una carga.

Las cargas de un circuito se conectan de distinta forma. Como resultado, los circuitos suelen dividirse en dos tipos: los circuitos en serie y los circuitos paralelos. Una de las diferencias principales entre estos circuitos es la forma en que las cargas se conectan entre sí. Mientras lees sobre cada tipo de circuito, observa con atención cómo se conectan las cargas.

Comprensión de lectura **¿Cuáles son los dos tipos de circuitos eléctricos?**

CONEXIÓN CON la biología

DESTREZA DE REDACCIÓN **Impulsos nerviosos** Aunque te parezca increíble, tu cuerpo es controlado y monitoreado por medio de impulsos eléctricos. Investiga acerca de los impulsos eléctricos que viajan entre tu cerebro y los músculos y los órganos de tu cuerpo. Luego, en tu **diario de ciencias,** escribe un informe en el que compares tu sistema nervioso y un circuito eléctrico.

circuito en serie un circuito en el que las partes están unidas una después de la otra de manera tal que la corriente en cada parte es la misma

Circuitos en serie

Un **circuito en serie** es un circuito en el que todas las partes están conectadas a un mismo lazo. Como las cargas sólo pueden seguir un único camino, las cargas que se mueven en un circuito en serie deben fluir por todas las partes del circuito.

Todas las cargas de un circuito en serie comparten la misma corriente. Los cuatro focos idénticos de la **figura 3** están unidos en serie. Como la corriente es la misma en cada foco, las luces tienen el mismo brillo. Pero si agregas más focos, la resistencia de todo el circuito aumenta y la corriente disminuye. Por lo tanto, todos los focos dan una luz más tenue.

✓ Comprensión de lectura **¿Cómo se conectan las cargas en un circuito en serie?**

Experimento rápido

Una serie de circuitos

1. Conecta una **batería de 6 V** y **dos focos de linterna** en un circuito en serie. Haz un dibujo de tu circuito.
2. Agrega **otro foco de linterna** en serie con los otros dos focos. ¿Cómo cambia el brillo de los focos?
3. Reemplaza uno de los focos por un **foco quemado.** ¿Qué pasa con los otros focos del circuito? ¿Por qué?

Usos de los circuitos en serie

Un circuito en serie tiene un sólo camino para las cargas en movimiento. Si hay algún quiebre en el circuito, las cargas dejan de fluir. Por ejemplo, si un foco de un circuito en serie se quema, se rompe el circuito y no se enciende ninguno de los focos del circuito. Usar circuitos en serie para la instalación eléctrica de tu casa no sería una buena idea. Imagina si tu refrigerador y una lámpara estuvieran juntos en un circuito en serie. Tu refrigerador funcionaría únicamente cuando la lámpara estuviera encendida. ¡Y cuando el foco se quemara, el refrigerador dejaría de funcionar!

Pero hay algunos casos en que los circuitos en serie son útiles. Por ejemplo, los circuitos en serie son útiles para instalar alarmas contra robo. Si falla una parte del circuito de una alarma contra robo, deja de haber corriente en el sistema. La falta de corriente señala que existe un problema y suena una alarma.

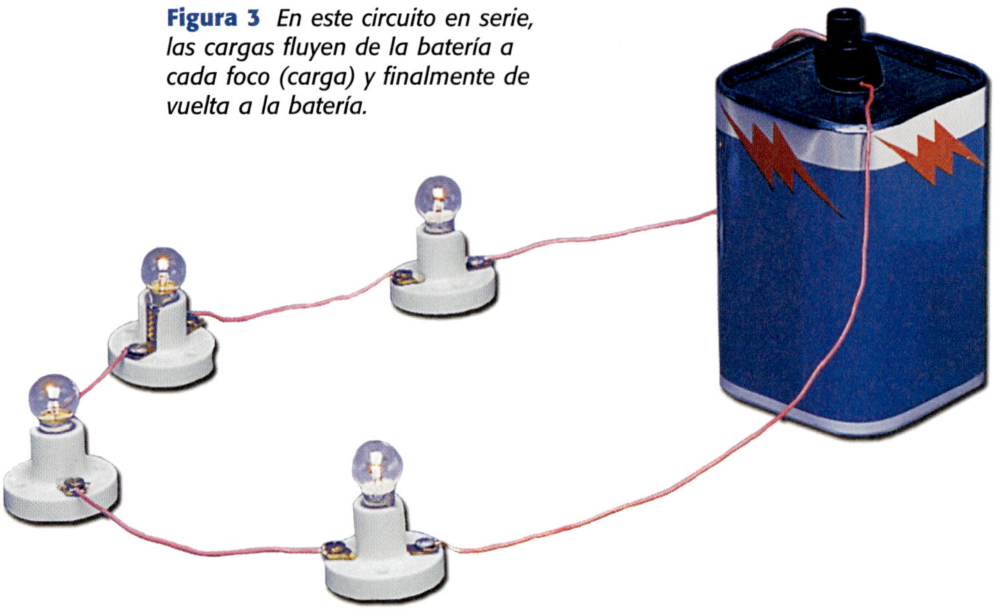

Figura 3 *En este circuito en serie, las cargas fluyen de la batería a cada foco (carga) y finalmente de vuelta a la batería.*

Circuitos paralelos

Piensa en lo que pasaría si todas las luces de tu casa estuvieran conectadas en serie. Si necesitaras encender una luz en tu habitación, ¡todas las otras luces de tu casa tendrían que estar encendidas también! En lugar de estar instalados en serie, los circuitos de los edificios están instalados en paralelo. Un **circuito paralelo** es un circuito en el que las cargas están conectadas una al lado de la otra. Las cargas de un circuito paralelo tienen más de un camino por el que pueden viajar.

A diferencia de las cargas de un circuito en serie, las cargas de un circuito paralelo no tienen la misma corriente. En cambio, cada carga de un circuito paralelo usa el mismo voltaje. Por ejemplo, cada foco de la **figura 4** usa el voltaje completo de la batería. Como resultado, cada foco brilla sin importar cuántos focos están conectados en paralelo. Puedes conectar cargas que necesitan corrientes distintas al mismo circuito paralelo. Por ejemplo, puedes conectar una secadora de pelo, que necesita una corriente alta para funcionar, al mismo circuito que una lámpara, que necesita menos corriente.

Comprensión de lectura **¿Cómo se conectan las cargas en un circuito paralelo?**

circuito paralelo un circuito en el que las partes están unidas en líneas de manera tal que la diferencia de potencial entre cada parte es la misma

Usos de los circuitos paralelos

En un circuito paralelo, cada línea del circuito puede funcionar por sí sola. Si falta o se rompe una carga, las cargas continúan moviéndose por las otras líneas. Por lo tanto, las cargas de esas otras líneas siguen funcionando. En tu casa, cada tomacorriente suele estar en su propia línea y tener su propia llave. Imagina si cada vez que un foco se apagara, tu televisor o tu estéreo dejaran de funcionar. Con los circuitos paralelos, es posible usar una luz o un artefacto eléctrico a la vez, incluso si otra carga falla.

Experimento rápido

Un laboratorio paralelo

1. Conecta una **batería de 6 V** y **dos focos de linterna** a un circuito paralelo. Haz un dibujo de tu circuito.
2. Agrega **otro foco de linterna** en paralelo con los otros dos focos. ¿Cómo cambia el brillo del foco?
3. Reemplaza uno de los focos por un **foco quemado.** ¿Qué pasa con las otras luces del circuito? ¿Por qué?

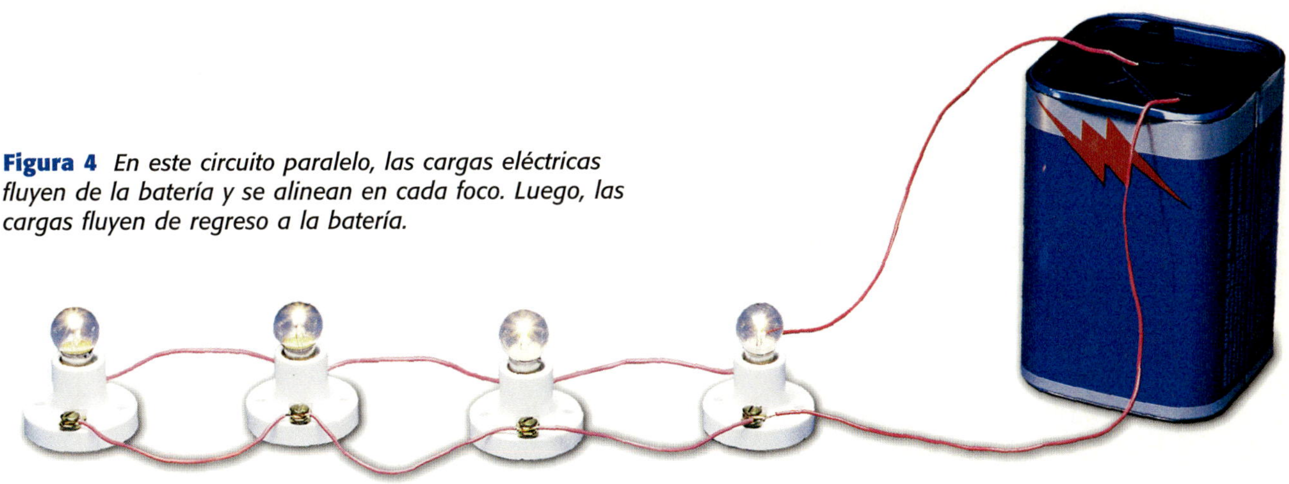

Figura 4 *En este circuito paralelo, las cargas eléctricas fluyen de la batería y se alinean en cada foco. Luego, las cargas fluyen de regreso a la batería.*

Seguridad en los circuitos domiciliarios

En cada casa, hay varios circuitos que conectan todas las luces, los artefactos eléctricos y los tomacorrientes. Los circuitos se ramifican desde un interruptor de circuitos o una caja de fusibles que actúa como un "cuartel central eléctrico" para el edificio. Cada línea recibe un voltaje estándar, que en Estados Unidos es 120 V.

Falla en el circuito

El agua o unos cables rotos pueden provocar un cortocircuito. En un cortocircuito, las cargas eléctricas no pasan por una o más cargas del circuito. La resistencia disminuye y, por lo tanto, la corriente aumenta. Los cables se calientan y el circuito falla. Los cables pueden hasta calentarse demasiado y provocar un incendio. Los circuitos también pueden fallar si se sobrecargan. Cuando hay demasiadas cargas en un circuito, la corriente aumenta y puede provocar un incendio. Los dispositivos de seguridad, como los fusibles y los disyuntores, ayudan a prevenir los incendios provocados por fallas eléctricas.

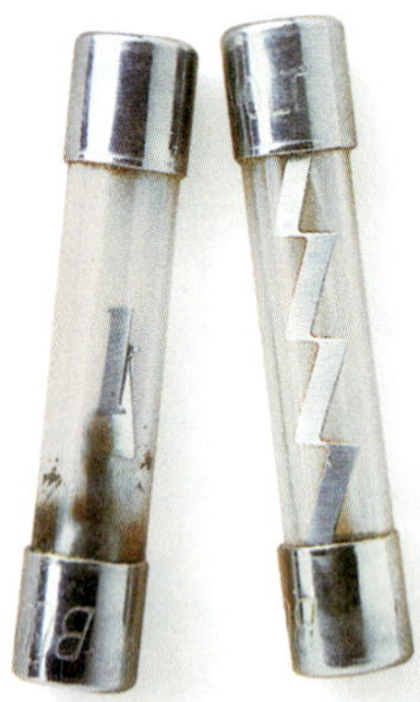

Figura 5 *El fusible quemado de la izquierda debe reemplazarse por un fusible nuevo, como el de la derecha.*

Fusibles

Un fusible tiene una tira delgada de metal. Las cargas del circuito fluyen a través de esta tira. Si la corriente es muy alta, la tira de metal se derrite, como se muestra en la **figura 5.** Como resultado, el circuito se rompe y las cargas dejan de fluir.

Disyuntores

Un disyuntor es una llave que se abre automáticamente si la corriente es muy alta. El disyuntor tiene una tira de metal que se calienta, se dobla y abre la llave. La llave, a su vez, abre el circuito y las cargas dejan de fluir. Los disyuntores abiertos pueden cerrarse al encender la llave después de solucionar el problema.

Un interruptor de circuito con conexión a tierra, como el que se muestra en la **figura 6,** actúa como un disyuntor pequeño. Si la corriente de un lado del tomacorriente difiere mínimamente de la corriente del otro lado, el interruptor abre el circuito y las cargas dejan de fluir. Para cerrar el circuito debes apretar el botón de reiniciar.

Comprensión de lectura **¿Cuáles son dos aparatos de seguridad usados en los circuitos?**

Figura 6 *Los interruptores de circuito con conexión a tierra suelen encontrarse en los tomacorrientes de los baños y de las cocinas para protegerte de un toque eléctrico.*

Consejos para la seguridad eléctrica

Todos los días usas aparatos eléctricos. Por eso, es importante recordar que usar la energía eléctrica puede ser peligroso. Los carteles de advertencia, como el que se muestra en la **figura 7,** ayudan a evitar riesgos eléctricos. Para no correr riesgos mientras usas energía eléctrica, sigue estos consejos:

- Asegúrate de que el aislamiento de los cables no esté gastado.
- No sobrecargues los circuitos al enchufar demasiados aparatos eléctricos.
- No uses aparatos eléctricos con las manos mojadas ni mientras estás parado en el agua.
- Nunca introduzcas objetos que no sean enchufes en un tomacorriente.

Figura 7 *Obedecer las señales que advierten sobre el alto voltaje te mantiene a salvo de riesgos eléctricos.*

REPASO DE LA sección

Resumen

- Los circuitos están formados por una fuente de energía, una carga, cables y, en algunos casos, una llave.
- Todas las partes de un circuito en serie están conectadas a un solo lazo. Las cargas de un circuito paralelo están en líneas distintas.
- Las fallas en los circuitos se producen por un cortocircuito o por una sobrecarga. Los fusibles o los disyuntores nos protegen contra las fallas en los circuitos.
- Es importante seguir los consejos de seguridad cuando se usa la energía eléctrica.

Usar términos clave

1. Define los siguientes términos en tus propias palabras: *circuito en serie* y *circuito paralelo.*

Comprender las ideas principales

2. ¿Qué parte de un circuito transforma la energía eléctrica en otra forma de energía?
   a. la fuente de energía
   b. el cable
   c. la llave
   d. la carga
3. Nombra y describe las tres partes fundamentales de un circuito.
4. ¿Cómo protegen tu casa los fusibles y los disyuntores contra incendios provocados por fallas eléctricas?

Razonamiento crítico

5. **Formular hipótesis** Imagina que enciendes el calentador de tu habitación y se apagan todas las luces del cuarto. Sugiere un motivo por el cual se apagaron las luces.
6. **Aplicar conceptos** ¿Funcionará bien un fusible si se conecta en paralelo con el aparato que debe proteger? Explica tu respuesta.

Interpretar gráficas

7. Observa los siguientes circuitos. Identifica cada circuito como circuito paralelo o circuito en serie.

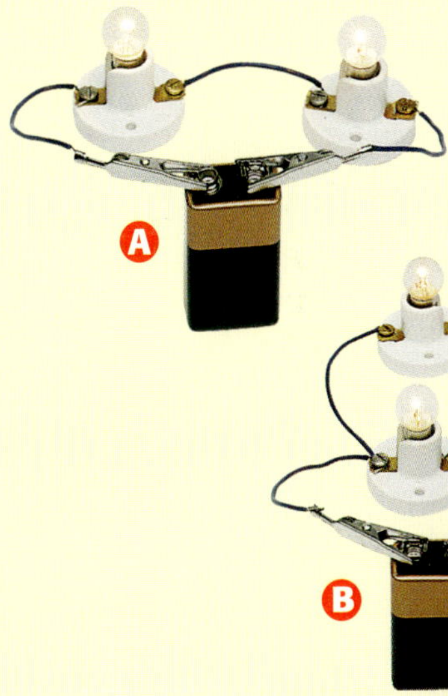

SCILINKS. NSTA Desarrollo y mantenimiento a cargo de la Asociación Nacional de Maestros de Ciencias

Para ver diversos enlaces relacionados con este capítulo, visita www.scilinks.org

Tema*: Circuitos eléctricos

Código de SciLinks: HSM0471

*(Sólo en inglés)

Laboratorio de destrezas

Circuitos 101

Hay dos tipos básicos de circuitos eléctricos. Un circuito en serie conecta todas las partes en un solo lazo, mientras que un circuito paralelo conecta cada parte en una línea diferente. Una llave conectada en serie con la fuente de energía puede controlar el circuito completo. Si quieres que cada parte del circuito funcione en forma independiente, las cargas deben conectarse en paralelo. En este laboratorio, usarás un amperímetro para medir la corriente y un voltímetro para medir el voltaje. Para cada circuito, usarás la ley de Ohm (la resistencia es igual al voltaje dividido por la corriente) para determinar la resistencia general.

OBJETIVOS

Construye un circuito en serie y un circuito paralelo.

Usa la ley de Ohm para calcular la resistencia de un circuito a partir del voltaje y de la corriente.

MATERIALES

- alambre aislado de 15 cm de largo con extremos pelados
- amperímetro
- focos (3)
- fuente de energía: celda/s seca/s
- llave
- portafocos (3)
- voltímetro

SEGURIDAD

Procedimiento

1. Haz un circuito en serie con una fuente de energía, una llave y tres focos. Haz un diagrama de tu circuito. **Precaución:** deja siempre la llave abierta al hacer o cambiar un circuito. Cierra la llave sólo cuando lo pruebas o tomas una lectura.
2. Prueba tu circuito. ¿Se encienden los tres focos? ¿Tienen todos los focos el mismo brillo? ¿Qué pasa si desenroscas un foco? ¿Importa qué foco desenroscas? Anota tus observaciones.
3. Conecta el amperímetro entre la fuente de energía y la llave. Cierra la llave y anota la corriente en tu diagrama. Recuerda mostrar dónde mediste la corriente.
4. Vuelve a conectar el circuito de forma tal que el amperímetro esté entre el primer y el segundo foco. Anota la corriente, como lo hiciste en el paso 3.
5. Mueve el amperímetro para que esté entre el segundo y el tercer foco y anota la corriente nuevamente.
6. Quita al amperímetro del circuito. Conecta el voltímetro a los dos extremos de la fuente de energía. Anota el voltaje en tu diagrama.
7. Usa el voltímetro para medir el voltaje de cada foco. Anota todas las lecturas.
8. Desarma tu circuito en serie. Vuelve a ensamblar los mismos materiales para que los focos estén conectados en paralelo. (Nota: la llave debe permanecer en serie con la fuente de energía para permitir controlar el circuito completo.) Haz un diagrama de tu circuito.

9. Prueba tu circuito y anota tus observaciones, como lo hiciste en el paso 2.
10. Conecta el amperímetro entre la fuente de energía y la llave. Anota la corriente.
11. Vuelve a conectar el circuito de forma tal que el amperímetro esté al lado de uno de los tres focos. Anota la corriente.
12. Repite el paso 11 para los otros dos focos.
13. Quita el amperímetro del circuito. Conecta el voltímetro a los dos extremos de la fuente de energía. Anota el voltaje.
14. Mide y anota el voltaje de cada foco.

Analiza los resultados

1. **Reconocer patrones** ¿Fue la corriente la misma en todos los lugares del circuito en serie? ¿Fue la misma en todos los lugares del circuito paralelo?
2. **Analizar datos** Compara el voltaje de cada foco con el voltaje de la fuente de energía para cada circuito.
3. **Identificar patrones** ¿Qué relación hay entre el voltaje de la fuente de energía y los voltajes de los focos en un circuito en serie?
4. **Analizar datos** Usa la ley de Ohm y las lecturas de la corriente (I) y del voltaje (V) en la fuente de energía de los dos circuitos para calcular la resistencia total (R) tanto en el circuito en serie como en el circuito paralelo.

Saca conclusiones

5. **Sacar conclusiones** ¿Fue la resistencia total la misma para los dos circuitos? Explica tu respuesta.
6. **Interpretar la información** ¿Por qué los focos tienen distinto brillo?
7. **Predecir** Sobre la base de tus resultados, ¿qué piensas que puede pasar si se enchufan demasiados artefactos eléctricos en el mismo circuito en serie? ¿Qué puede pasar si se enchufan demasiados artefactos eléctricos en el mismo circuito paralelo?

Repaso del capítulo

USAR TÉRMINOS CLAVE

Las siguientes oraciones son falsas. Reemplaza el término subrayado en cada oración para hacerla verdadera.

1. Las cargas fluyen con facilidad en un aislante eléctrico.
2. El relámpago es una forma de electricidad estática.
3. Un termopar transforma la energía química en energía eléctrica.
4. El voltaje es la oposición a la corriente que ejerce un material.
5. La fuerza eléctrica es la tasa a la que se transforma la energía eléctrica en otras formas de energía.
6. Cada una de las cargas de un circuito paralelo tiene la misma corriente.

COMPRENDER LAS IDEAS PRINCIPALES

Opción múltiple

7. Dos objetos se repelen uno al otro. ¿Qué carga es probable que tengan los objetos?
   - **a.** positiva y positiva
   - **b.** positiva y negativa
   - **c.** negativa y negativa
   - **d.** Tanto (a) como (c)
8. ¿Qué dispositivo transforma la energía química en energía eléctrica?
   - **a.** un pararrayos
   - **b.** una celda
   - **c.** un foco
   - **d.** una llave
9. ¿Cuál de los siguientes cables tiene la resistencia más baja?
   - **a.** un cable de cobre corto y grueso a 25°C
   - **b.** un cable de cobre largo y grueso a 35°C
   - **c.** un cable de cobre largo y delgado a 35°C
   - **d.** un cable de hierro corto y grueso a 25°C
10. Un objeto se carga cuando sus átomos ganan o pierden
    - **a.** protones.
    - **b.** neutrones.
    - **c.** electrones.
    - **d.** Todos los anteriores
11. ¿Cuál de los siguientes dispositivos NO te protege contra incendios provocados por fallas eléctricas?
    - **a.** un medidor eléctrico
    - **b.** un disyuntor
    - **c.** un fusible
    - **d.** un interruptor con conexión a tierra
12. Para que las celdas generen una corriente, los electrodos de la celda deben
    - **a.** tener una diferencia de potencial.
    - **b.** estar en un líquido.
    - **c.** estar expuestos a la luz.
    - **d.** estar a dos temperaturas distintas.
13. Los tomacorrientes de tu casa proporcionan
    - **a.** corriente continua.
    - **b.** corriente alterna.
    - **c.** descarga eléctrica.
    - **d.** electricidad estática.

Respuesta breve

14 Describe cómo una llave controla un circuito.

15 Menciona los dos factores que afectan a la magnitud de la fuerza eléctrica y explica cómo influyen en la fuerza eléctrica.

16 Explica la diferencia entre la corriente continua y la corriente alterna.

Destrezas matemáticas

17 ¿Qué voltaje se necesita para generar una corriente de 6 A en un objeto que tiene una resistencia de 3 Ω?

18 Halla la corriente que se genera cuando se aplica un voltaje de 60 V a una resistencia de 15 Ω.

19 ¿Cuál es la resistencia de un objeto si un voltaje de 40 V genera una corriente de 5 A?

20 ¿Cuánta corriente hay en un foco de 150 W si se le aplican 120 V?

21 ¿Cuánta energía eléctrica consume un foco de 60 W si permanece encendido durante 1,000 horas?

RAZONAMIENTO CRÍTICO

22 **Mapa de conceptos** Haz un mapa de conceptos con los siguientes términos: *corriente eléctrica, batería, cargas, fotocelda, termopar, circuito, circuito paralelo* y *circuito en serie.*

23 **Inferir** Imagina que durante el fin de semana se renovó la instalación eléctrica de tu salón de clases. El lunes te das cuenta de que es necesario dejar encendidas las luces para que funcione el aireador de la pecera. Además, si quieres usar la computadora, debes encender el retroproyector. Describe qué error cometió el electricista al trabajar con los circuitos de tu salón de clases.

24 **Aplicar conceptos** Puedes fabricar una celda usando una manzana, una tira de cobre y una tira de plata. Explica cómo construirías la celda e identifica cada una de sus partes. ¿Qué tipo de celda fabricaste? Explica tu respuesta.

25 **Aplicar conceptos** Tu amigo te muestra un truco de magia. Primero frota un tubo de plástico contra un trozo de lana. Luego sostiene el tubo cerca de una lata de bebida vacía que está acostada. Cuando el tubo está cerca de la lata, la lata rueda hacia el tubo. Explica cómo funciona este truco.

INTERPRETAR GRÁFICAS

26 Clasifica los objetos de la siguiente fotografía en conductores eléctricos o en aislantes eléctricos.

Preparación para los exámenes estandarizados

LECTURA

Lee los siguientes pasajes. Luego, contesta las preguntas correspondientes.

Pasaje 1 En 1888, Frank J. Sprague desarrolló una forma de operar tranvías usando energía eléctrica. Estos tranvías eléctricos andaban sobre una vía de metal y estaban conectados por medio de una vara a una línea de energía elevada. Las cargas eléctricas bajaban por la vara hacia los motores del tranvía. Una rueda ubicada en la parte superior de la vara, llamada zapato, rodaba a lo largo de la línea de energía y permitía que el tranvía se moviera por su vía sin perder contacto con la fuente de energía eléctrica. Las cargas pasaban por el motor y luego regresaban a un generador por medio de las vías de metal.

1. En este pasaje, ¿qué significa la palabra *zapato?*

- **A** un tipo de calzado que usas en los pies
- **B** un dispositivo que permitía al tranvía obtener energía eléctrica
- **C** una placa de metal plana y con forma de U que se clava al casco del caballo
- **D** la vía de metal por donde pasaba el tranvía

2. ¿Cuál es el objetivo principal del pasaje?

- **F** informar al lector
- **G** influir en la opinión del lector
- **H** expresar la opinión del autor
- **I** hacer reír al lector

3. ¿Cuál de las siguientes oraciones describe qué pasa primero en la operación del tranvía?

- **A** Las cargas bajan por la vara.
- **B** Las cargas pasan por el motor.
- **C** Las cargas entran al zapato desde la línea de energía.
- **D** Las cargas regresan al generador por medio de las vías.

Pasaje 2 Benjamín Franklin (1706–1790) fue el primero en sugerir los términos *positiva* y *negativa* para los dos tipos de carga. A los 40 años, Franklin era un exitoso impresor y periodista. Al ver algunos experimentos sobre la electricidad, quedó tan fascinado que comenzó a dedicar mucho de su tiempo a experimentar. Franklin fue la primera persona en darse cuenta de que el relámpago es una gran descarga o chispa eléctrica. Inventó el primer pararrayos y esto lo hizo famoso. También hizo volar una cometa entre nubes de tormenta, con gran peligro para su vida, para recolectar la carga de las nubes. Durante y después de la Guerra de Independencia, Franklin adquirió fama como político y estadista.

1. ¿Cuál de los siguientes sucesos ocurrió primero en la vida de Franklin?

- **A** Adquirió fama como político.
- **B** Hizo volar una cometa entre nubes de tormenta.
- **C** Vio experimentos con electricidad.
- **D** Fue un periodista exitoso.

2. ¿Cuál de las siguientes oraciones es verdadera según el pasaje?

- **F** Franklin se interesó en la electricidad en 1706.
- **G** No hay ninguna relación entre los relámpagos y la descarga eléctrica.
- **H** Franklin fue un periodista exitoso después de realizar experimentos con la electricidad.
- **I** Hacer volar una cometa entre nubes de tormenta es peligroso.

INTERPRETAR GRÁFICAS

Consulta el diagrama para contestar las siguientes preguntas.

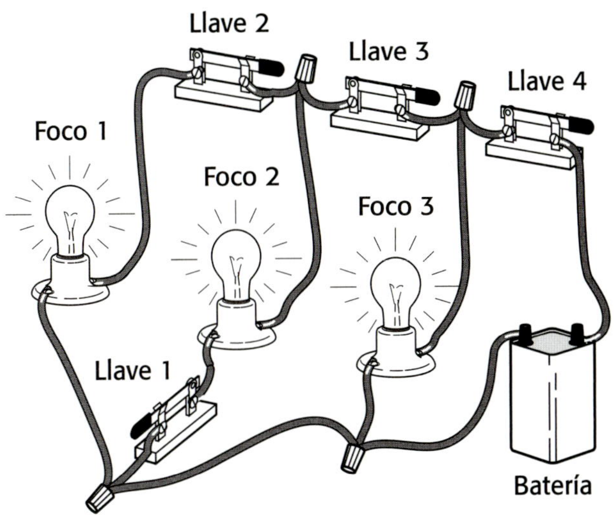

1. ¿Qué llave debe abrirse para que se apague sólo el foco 2?

A llave 1
B llave 2
C llave 3
D llave 4

2. ¿Qué llave debe abrirse para que se apaguen exactamente dos focos?

F llave 1
G llave 2
H llave 3
I llave 4

3. ¿Qué sucederá si sólo están abiertas las llaves 2 y 3?

A Los tres focos permanecerán encendidos.
B Sólo el foco 1 permanecerá encendido.
C Sólo el foco 3 permanecerá encendido.
D Los tres focos se apagarán.

4. ¿Cuál de las siguientes oraciones es falsa?

F El foco 2 estará apagado cuando el foco 1 esté apagado.
G El foco 3 estará encendido si cualquier otro foco está encendido.
H Los focos 1 y 3 pueden estar encendidos cuando el foco 2 esté apagado.
I El foco 3 puede estar encendido cuando los focos 1 y 2 estén apagados.

MATEMÁTICAS

Lee las siguientes preguntas y escoge la mejor respuesta.

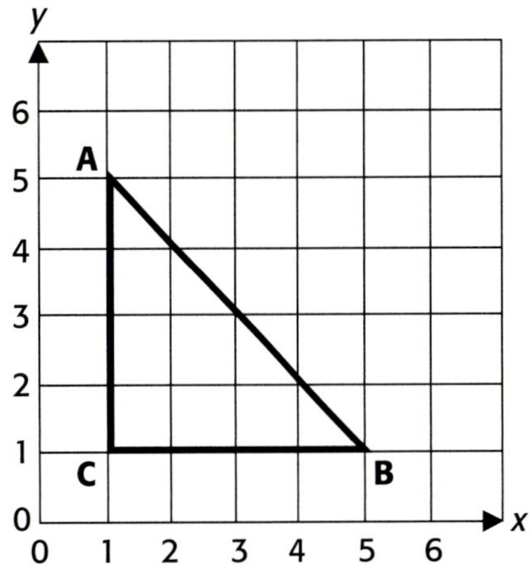

1. Observa el triángulo *ABC*. Si quieres dibujar el cuadrado *ADBC,* ¿cuáles serían las coordinadas de *D?*

A (1, 5)
B (3, 3)
C (5, 5)
D (5, 1)

2. A la ecuación *voltaje* = *corriente* × *resistencia* se le suele llamar *ley de Ohm.* Si la corriente de un objeto es 0.5 A y el voltaje en el objeto es 12 V, ¿cuál es la resistencia del objeto?

F 0.042 Ω
G 6 Ω
H 12.5 Ω
I 24 Ω

3. Heather tiene seis perros grandes. En un día, cada perro come 2.1 kg de alimento para perros. ¿Cuál es la mejor estimación del número total de kilogramos de alimento que comen todos los perros en 4 semanas?

A menos de 150 kg
B entre 150 y 225 kg
C entre 225 y 300 kg
D más de 300 kg

La ciencia en acción

Curiosidades de la ciencia

Anguilas eléctricas

Las anguilas eléctricas son peces de agua dulce de América Central y de América del Sur. Pueden producir poderosas sacudidas de energía eléctrica. Las descargas eléctricas de las anguilas son tan fuertes que aturden o matan a las ranas y a los peces más pequeños que se encuentran en el agua. Luego, las anguilas se tragan a su presa inmóvil entera. Los primeros viajeros de la cuenca del río Amazonas escribieron que en lagunas poco profundas, las descargas de las anguilas podían derribar a caballos y a humanos. Dentro del cuerpo de una anguila, que tiene 2.5 m de largo, hay una serie de electroplacas o tejidos musculares modificados que generan voltajes bajos. Una anguila tiene entre 5,000 y 6,000 electroplacas conectadas. En experimentos de laboratorio, las ráfagas de voltaje de una anguila eléctrica adulta midieron alrededor de 600 V.

ACTIVIDAD de matemáticas

La batería de un auto provee 12 V. ¿Cuántas veces más voltaje puede proveer una anguila adulta que una batería de auto? Si el voltaje provisto por una anguila se usara en un circuito que tiene una resistencia de 200 Ω, ¿cuál sería la corriente del circuito?

Descubrimientos científicos

Duendes y elfos

Imagina que estás en un avión en una noche sin luna. Notas una tormenta eléctrica a 80 km y ves relámpagos que se mueven entre las nubes y la Tierra. Luego, de repente, ¡un resplandor rojo fantasmal se extiende muchos kilómetros por encima de las nubes! ¡No esperabas eso!

En 1989, los científicos capturaron la primera imagen de este relámpago brillante, rojo y extraño. Desde entonces, diferentes fotografías tomadas desde transbordadores espaciales, aviones, telescopios y observadores en la tierra mostraron varios tipos de resplandores eléctricos. Los llamaron duendes y elfos porque, al igual que las criaturas mitológicas, desaparecen justo cuando el ojo comienza a verlos. Los duendes y elfos duran sólo unas milésimas de segundo.

ACTIVIDAD de artes del lenguaje

DESTREZA DE REDACCIÓN Imagina que eres un cazador que vivió en el 5000 a.C. En una cacería, ves un duende como los descritos anteriormente. Escribe un cuento de dos páginas en el que expliques lo que viste, cuál fue tu reacción y por qué crees que apareció el duende.

Profesiones

Pete Pérez

Electricista A veces, te olvidas de cuánto depende tu vida diaria de la electricidad… ¡hasta que se corta la electricidad! Entonces, llamas a un electricista, como Pete Pérez. Desde 1971, Pérez instala sistemas eléctricos y resuelve problemas eléctricos en las empresas y los hogares. "Estoy en este trabajo por el desafío que implica. Donde quiera que vayas, siempre hay algo nuevo". Un electricista realiza una amplia variedad de trabajos que pueden incluir reparaciones, mantenimientos de rutina o prevención de desastres. Un día, tal vez instala las conexiones eléctricas de una casa nueva. Al día siguiente, quizás deba cambiar la conexión eléctrica de una casa más vieja. Los trabajos pueden ser tan simples como cambiar un fusible o tan complicados como reparar una máquina industrial. Además, los electricistas trabajan en condiciones muy diversas, desde un sótano oscuro hasta la parte superior de una torre eléctrica. El consejo de Pérez para los jóvenes aspirantes a electricistas es: "Abre tu mente". Nunca sabes qué tipo de trabajo te espera a la vuelta de la esquina, porque cada día trae desafíos más extraños y más interesantes.

ACTIVIDAD de estudios sociales

Imagina que estás ayudando a realizar una "feria de trabajos" en tu escuela. Investiga los requisitos para ser electricista. Haz un folleto en el que digas qué hace un electricista y qué capacitación necesita. Describe cuánto costará la capacitación y el equipo básico para empezar a trabajar. Incluye el salario inicial e información acerca de cualquier examen o certificación necesarios.

go.hrw.com

Para aprender más sobre los temas de "La ciencia en acción", visita **go.hrw.com** y escribe la palabra clave **HP5ELEF.** (Disponible sólo en inglés)

Ciencia actual

Visita go.hrw.com y consulta los artículos de Ciencia actual *(Current Science®)* **relacionados con este capítulo. Sólo escribe la palabra clave HP5CS17.** (Disponible sólo en inglés)

2

Electromagnetismo

Acerca de la FOTO

Algunas partículas extremadamente calientes que se encuentran a millones de grados Celsius salen disparadas del Sol. Pero no se escapan. Dan la vuelta y regresan a la superficie solar para estrellarse a más de 100 km/s (223,000 mi/h). La imagen de la Tierra se agregó para mostrar el enorme tamaño de esas vueltas. ¿Qué es lo que dirige las partículas? Las partículas siguen la trayectoria de las líneas de los campos magnéticos del Sol. Tú dependes de los campos magnéticos para que funcionen los motores eléctricos y los generadores. Y también para lucirte con un boletín con buenas calificaciones colocado en el refrigerador.

ACTIVIDAD PARA ANTES DE LEER

Organizador gráfico

Tabla de comparaciones

Antes de leer el capítulo, crea el organizador gráfico titulado "Tabla de comparación", tal y como se explica en la sección **Destrezas de estudio** del Apéndice. En las columnas, escribe "Motor" y "Generador". En las filas, escribe "Energía de entrada" y "Energía de salida". Mientras lees el capítulo, completa la tabla con detalles sobre la transformación de energía que se produce en cada aparato.

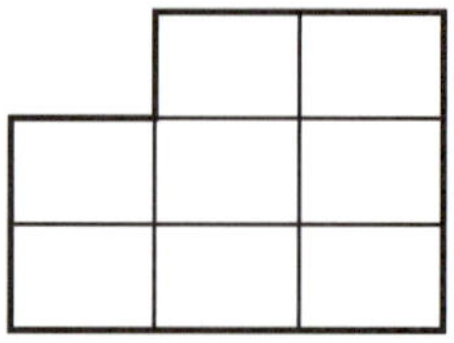

ACTIVIDAD INICIAL

Atracción magnética

En esta actividad, investigarás las formas en que puedes usar un imán para levantar el acero.

Procedimiento

1. Pon **5 clips de acero** sobre el escritorio. Tócalos con un **clavo de hierro desmagnetizado.** Anota la cantidad de clips que se pegan al clavo.
2. Toca los clips con el extremo de un **imán de barra potente.** Anota la cantidad de clips que se pegan al imán.
3. Mientras apoyas el imán en la cabeza del clavo, toca los clips con la punta del clavo. Cuenta la cantidad de clips que se pegan al clavo.
4. Retira el imán de la cabeza del clavo. Anota la cantidad de clips que contaste en el paso 3 y tus observaciones después de quitar el imán.
5. Desliza 50 veces un extremo del imán de barra a lo largo del clavo. Deslízalo siempre en una misma dirección.
6. Retira el imán. Toca los clips con el clavo. Anota la cantidad de clips que se pegan a él.

Análisis

1. ¿Qué hizo que la cantidad de clips que se pegaron en el paso 1 fuera distinta a la del paso 3?
2. ¿Qué efecto tuvo el imán sobre el clavo en el paso 5?

SECCIÓN 1

Imanes y magnetismo

Seguramente has visto imanes pegados a la puerta del refrigerador. Quizás estén sosteniendo notas o fotos, o quizás sean sólo decorativos.

PREPARACIÓN PARA LA LECTURA

Objetivos

- Describe las propiedades de los imanes.
- Explica por qué algunos materiales son magnéticos y otros no.
- Describe cuatro tipos de imanes.
- Da dos ejemplos del efecto del campo magnético de la Tierra.

Términos clave

imán
polo magnético
fuerza magnética

ESTRATEGIA DE LECTURA

Guía de predicciones Antes de leer esta sección, predice si cada una de las siguientes oraciones es verdadera o falsa.

- Todos los imanes tienen un polo norte y un polo sur.
- El polo magnético que se encuentra cerca del Polo Sur de la Antártida es un polo norte.

Si alguna vez has hecho experimentos con imanes, ya sabes que se pegan unos a otros y a algunos tipos de metales. También sabes que pueden pegarse a un objeto sin tocarlo directamente, como los imanes que se usan para sostener papeles en la puerta del refrigerador.

Propiedades de los imanes

Hace más de 2,000 años, los griegos descubrieron un mineral que atraía los objetos de hierro. Como el mineral se encontró en un lugar de Turquía llamado Magnesia, lo denominaron magnetita. Hoy en día, todo material que atrae el hierro o los objetos que contienen hierro se llama **imán.** Todos los imanes tienen propiedades específicas. Por ejemplo, todos tienen dos polos. Los imanes ejercen fuerzas unos sobre otros y están rodeados de un campo magnético.

Comprensión de lectura **¿Qué es un imán?** (*Consulta en el Apéndice las respuestas de comprensión de lectura.*)

Polos magnéticos

Los efectos magnéticos no son los mismos en todo el imán. ¿Qué pasa si metes un imán de barra en una caja de clips? La mayoría de los clips se pega a los extremos del imán, como se muestra en la **figura 1.** Esto demuestra que los efectos más fuertes ocurren cerca de los extremos del imán. Cada extremo es un polo magnético. Como verás más adelante, los **polos magnéticos** son los puntos de un imán que tienen características magnéticas opuestas.

imán cualquier material que atrae hierro o materiales que contienen hierro

polo magnético uno de dos puntos, como los extremos de un imán, que tienen cualidades magnéticas opuestas

Figura 1 *Se pegan más clips a los extremos, o polos magnéticos, de un imán porque allí son más fuertes los efectos magnéticos.*

Norte y sur

Imagina que cuelgas un imán de un cordel de modo que el imán pueda girar. Notarás que un extremo del imán siempre apunta al norte, como se muestra en la **figura 2.** El polo de un imán que apunta al norte es el *polo norte*. El extremo opuesto que apunta al sur se llama *polo sur*. Los polos magnéticos siempre van de a dos. No encontrarás nunca un imán que tenga sólo un polo norte o sólo un polo sur.

Figura 2 *La aguja de una brújula es un imán que gira libremente.*

Fuerzas magnéticas

Cuando acercas dos imanes, éstos ejercen una **fuerza magnética** uno sobre el otro. Esa fuerza proviene de las cargas eléctricas que giran en los imanes. Es una fuerza que puede atraerlos o separarlos. La fuerza magnética es una fuerza universal. Siempre está presente cuando los polos magnéticos se acercan.

Piensa en la última vez que trabajaste con imanes. Si los sostenías de cierta forma, se atraían. Cuando girabas uno de los imanes, se separaban. ¿Por qué? La fuerza magnética entre los imanes depende del alineamiento de los polos. Como se muestra en la **figura 3,** los polos iguales se repelen y los opuestos se atraen.

fuerza magnética la fuerza de atracción o de repulsión generadas por cargas eléctricas en movimiento o que giran

Comprensión de lectura **Si dos imanes se repelen, ¿qué puedes concluir acerca de los polos?**

Figura 3 **Fuerzas magnéticas entre los imanes**

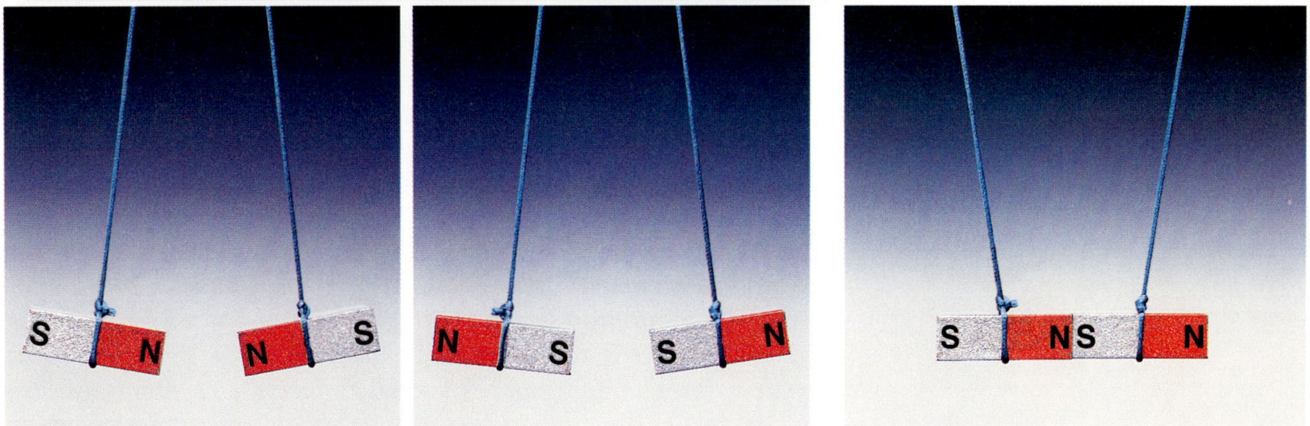

▲ Si acercas los polos norte de dos imanes, la fuerza magnética separa los imanes. Lo mismo pasa cuando acercas los polos sur de dos imanes.

▲ Si acercas el polo norte de un imán al polo sur de otro, la fuerza magnética atrae los imanes.

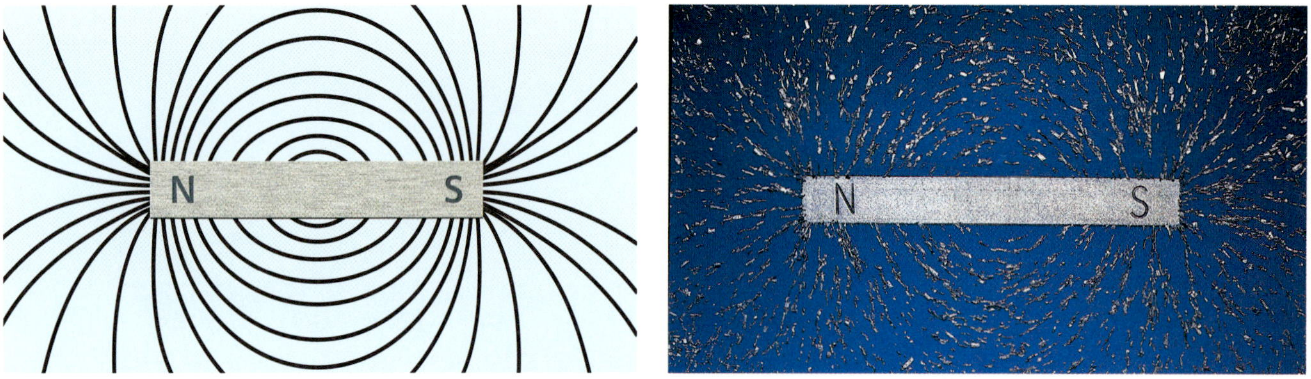

Figura 4 *Las líneas de los campos magnéticos muestran la forma del campo magnético que se crea alrededor de un imán. Si esparces limaduras de hierro alrededor de un imán, puedes ver las líneas de un campo magnético.*

Campos magnéticos

EL *campo magnético* es la región donde actúan las fuerzas magnéticas alrededor de un imán. La forma de un campo magnético puede ilustrarse con líneas que salen del polo norte y van hasta el polo sur del imán, como se muestra en la **figura 4.** Estas líneas trazan el mapa del campo magnético y se llaman *líneas del campo magnético.* Cuanto más cerca se encuentran las líneas, más fuerte es el campo. Las líneas que rodean un imán están más juntas cerca de los polos, donde la fuerza magnética sobre un objeto es mayor.

CONEXIÓN CON la biología

DESTREZA DE REDACCIÓN **Brújulas animales** Los científicos piensan que es posible que las aves y otros animales usen el campo magnético de la Tierra para orientarse. Escribe un informe de una página en tu **diario de ciencias** en el que expliques qué animales usarían el campo magnético de la Tierra para orientarse. Incluye las pruebas que descubrieron los científicos y que apoyan la idea.

La causa del magnetismo

Algunos materiales son magnéticos y otros no. Por ejemplo, un imán levanta clips y clavos de hierro, pero no levanta papeles, plástico, monedas de un centavo ni papel aluminio. ¿A qué se debe la diferencia? Los átomos son los que determinan si un material es magnético o no.

Átomos y dominios

Toda la materia está formada por átomos. Los electrones son partículas de los átomos que tiene carga negativa. Cuando un electrón se mueve, crea un campo magnético. El átomo tiene, entonces, un polo norte y un polo sur. En la mayoría de los materiales, como el cobre y el aluminio, los campos magnéticos de los átomos individuales se anulan mutuamente. Por lo tanto, esos materiales no son magnéticos.

Pero en otros materiales, como el hierro, el níquel y el cobalto, los grupos de átomos se encuentran en pequeñas zonas llamadas *dominios.* Los polos norte y sur de los átomos de un dominio se alinean y forman un campo magnético fuerte. Los dominios son como pequeños imanes de distintos tamaños ubicados dentro de un objeto. La disposición de los dominios de un objeto determina si el objeto es magnético o no. La **figura 5** muestra cómo funciona la disposición de los dominios.

✓ Comprensión de lectura **¿Por qué el cobre y el aluminio no son magnéticos?**

Figura 5 Disposición de los dominios de un objeto

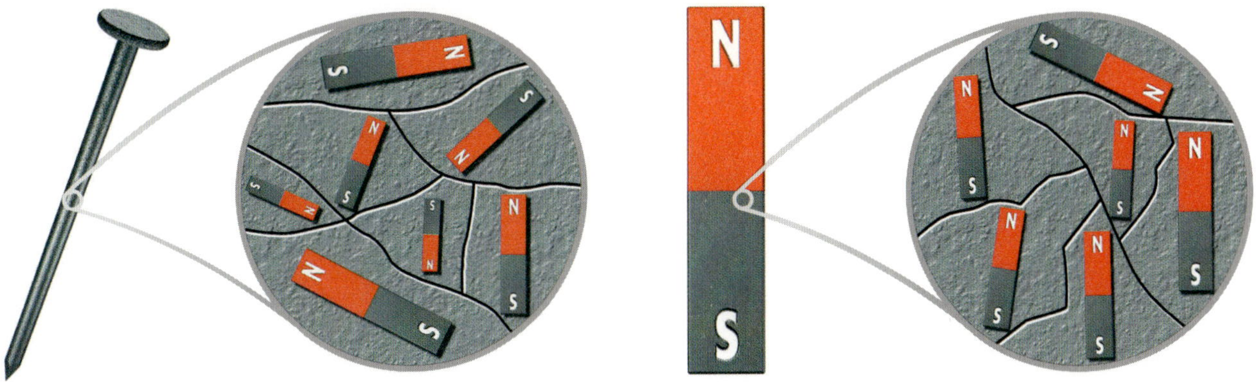

Si los dominios de un objeto están dispuestos al azar, sus campos magnéticos se anulan mutuamente y el objeto no tiene propiedades magnéticas.

Si la mayoría de los dominios de un objeto están alineados, sus campos magnéticos se combinan y el objeto es magnético.

Perder el alineamiento

Es posible que los dominios de un imán no siempre permanezcan alineados. Cuando se mueven, el imán se desmagnetiza, es decir, pierde sus propiedades magnéticas. Dejar caer un imán o golpearlo con fuerza puede mover los dominios. Colocarlo en un campo magnético fuerte y opuesto puede tener el mismo efecto. Un imán también puede desmagnetizarse si se aumenta su temperatura. Cuanto mayor es la temperatura, más rápido vibran los átomos del imán. Como resultado, es posible que ya no permanezcan alineados.

Comprensión de lectura **Describe dos formas en que un imán puede perder sus propiedades magnéticas.**

Hacer imanes

Para hacer un imán, necesitas objetos de hierro, de cobalto o de níquel. Sólo debes alinear los dominios del objeto. Por ejemplo, si quieres magnetizar un clavo de hierro basta con que lo frotes en una misma dirección con el polo de un imán. Los dominios del clavo se alinean con el campo magnético del imán y, de esta manera, también se alinean entre sí. Cuantos más dominios se alinean, más fuerte es el campo magnético del clavo y éste se convierte en un imán, como se muestra en la **figura 6.**

El proceso de hacer un imán también explica cómo un imán puede levantar objetos desmagnetizados, como un clip. Cuando el imán se acerca al clip, algunos dominios del clip se alinean con el campo del imán. Por lo tanto, el clip se convierte en un imán temporal. El polo norte del clip apunta al polo sur del imán. El imán atrae al clip. Cuando se retira el imán, los dominios del clip vuelven a desordenarse.

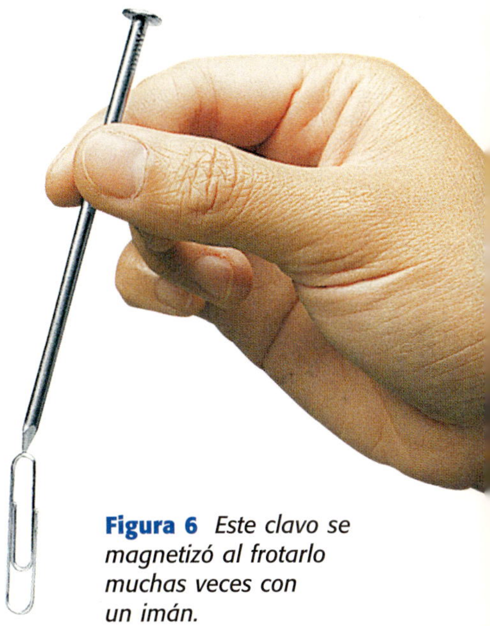

Figura 6 *Este clavo se magnetizó al frotarlo muchas veces con un imán.*

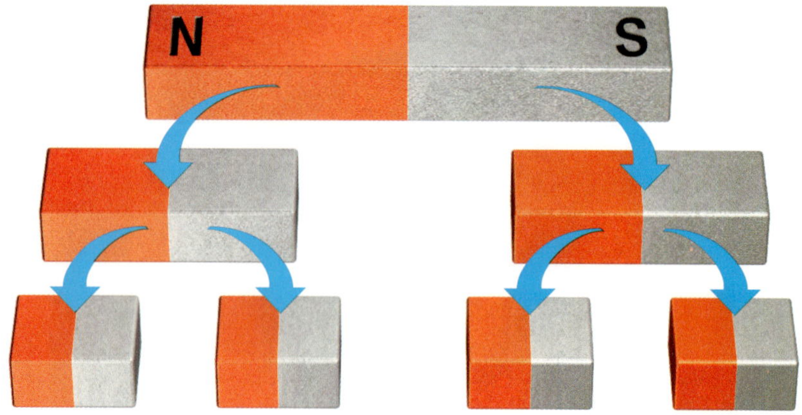

Figura 7 *Si cortas un imán en varios pedazos, cada parte sigue siendo un imán con dos polos.*

Cortar un imán

¿Qué piensas que pasa si cortas un imán por la mitad? Tal vez crees que obtienes un polo norte por un lado y un polo sur por el otro. Pero no es así. Cuando cortas un imán por la mitad, obtienes dos imanes. Como se muestra en la **figura 7,** cada parte tiene su propio polo norte y polo sur. Un imán tiene polos porque los dominios están alineados. Cada dominio de un imán es como un pequeño imán con un polo norte y un polo sur. Hasta las partes más pequeñas de un imán tienen dos polos.

Figura 8 *La magnetita atrae objetos que contienen hierro y es un ferromagneto.*

Tipos de imanes

Hay varias maneras de describir los imanes. Algunos están hechos de hierro, níquel, cobalto o mezclas de esos metales. Los imanes formados por estos metales tienen propiedades magnéticas muy fuertes y se llaman *ferromagnetos*. Observa la **figura 8.** La magnetita, un mineral, es un ejemplo de un ferromagneto que se encuentra en la naturaleza. Otra clase de imán es el *electroimán,* que está formado por una corriente eléctrica. Un electroimán suele tener un núcleo de hierro.

✓ **Comprensión de lectura** **¿Qué son los ferromagnetos?**

Imanes temporales y permanentes

Los imanes también se clasifican en temporales o permanentes. Los *imanes temporales* están formados por materiales que son fáciles de magnetizar, pero que tienden a perder las propiedades magnéticas con la misma facilidad. El hierro dulce es un tipo de hierro que no está mezclado con ningún otro material. Puede convertírselo en un imán temporal. Los *imanes permanentes* son difíciles de magnetizar, pero suelen conservar las propiedades magnéticas durante más tiempo que los imanes temporales. Algunos imanes permanentes son de alnico (una aleación de aluminio, níquel, cobalto y hierro).

La Tierra como imán

Si un imán gira, uno de sus extremos apunta al norte. Durante más de 2,000 años, los viajeros han usado esta propiedad para encontrar el rumbo. De hecho, tú también la usas al emplear una brújula, pues ésta tiene un imán que gira libremente.

Un imán gigante

En el año 1600, un físico inglés llamado William Gilbert sugirió que los imanes apuntan al norte porque la Tierra es un imán gigante. De hecho, la Tierra se comporta como si estuviera atravesada por un imán de barra. Los polos de ese imán imaginario están ubicados cerca de los polos geográficos de la Tierra.

Los polos de la aguja de una brújula

Si colocas una brújula sobre un imán de barra, el extremo marcado de la aguja apunta al polo sur del imán. ¿Esto te sorprende? Los polos opuestos de los imanes se atraen. La aguja de una brújula es un imán pequeño. Y el extremo que apunta al norte es el polo norte de la aguja. Por lo tanto, el polo sur de un imán atrae a la punta de la aguja de una brújula.

El polo sur magnético cerca del Polo Norte geográfico

Observa la **figura 9.** La aguja de una brújula apunta al Norte porque el polo magnético de la Tierra que se encuentra más cerca del Polo Norte geográfico es el polo *sur* magnético. La aguja de una brújula apunta al norte porque el polo norte es atraído hacia un enorme polo sur magnético.

Experimento rápido

Modelo del campo magnético de la Tierra

1. Coloca un **imán de barra** sobre un **papel encerado.** Dibuja un círculo con un diámetro mayor que el imán de barra. Esto representa la superficie terrestre. Rotula el Polo Norte y el Polo Sur de la Tierra.
2. Coloca el imán de barra debajo del papel encerado y alinea el imán de barra con los polos.
3. Esparce algunas **limaduras de hierro** alrededor del perímetro del círculo. Describe y haz un bosquejo del diseño que observas.

Figura 9 Los polos geográficos y magnéticos de la Tierra

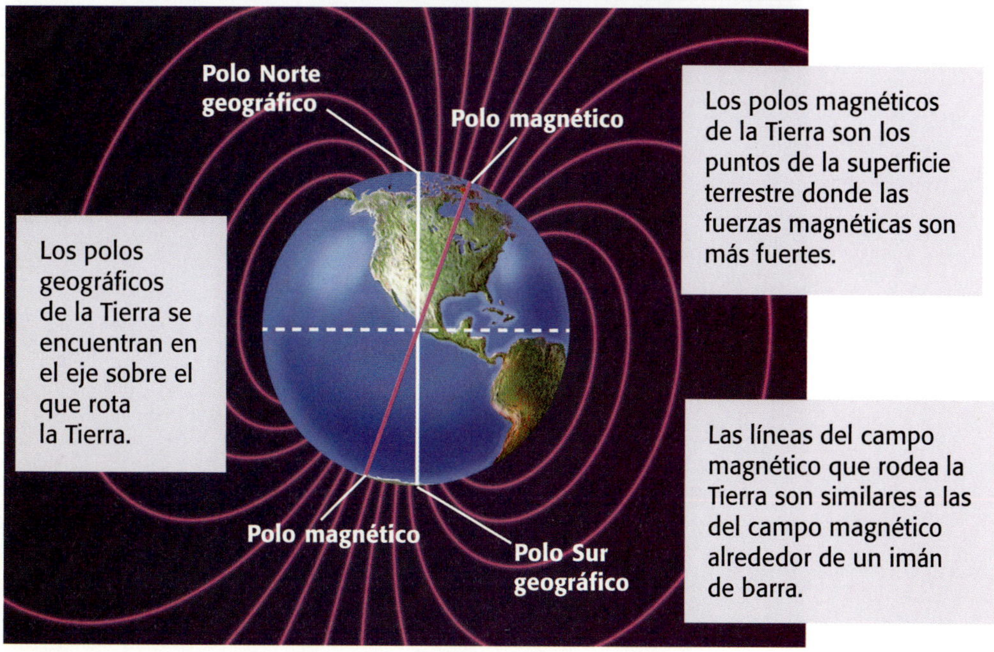

El núcleo de la cuestión

Aunque puedes hacer de cuenta que la Tierra tiene un gigantesco imán de barra atravesado en el centro, la realidad es que no lo tiene. La temperatura del núcleo (centro) de la Tierra es altísima. Los átomos que allí se encuentran se mueven con demasiada violencia como para mantenerse alineados en dominios.

Los científicos creen que el campo magnético de la Tierra está formado por el movimiento de las cargas eléctricas de su núcleo. El núcleo de la Tierra está compuesto en su mayoría por hierro y por níquel. El núcleo interno es sólido porque soporta una gran presión. El núcleo externo es líquido porque la presión es menor. Cuando la Tierra rota, el líquido del núcleo fluye, las cargas eléctricas se mueven y así se forma un campo magnético.

✓ *Comprensión de lectura* **¿Qué creen los científicos que forma el campo magnético de la Tierra?**

CONEXIÓN CON los estudios sociales

La historia de la brújula
Documentos del siglo I a.C. encontrados en China demuestran que las personas sabían que la piedra imán (magnetita) se alineaba hacia el norte. Sin embargo, debieron pasar 1,200 años antes de que las brújulas flotantes comenzaran a usarse para la navegación. Investiga acerca de las primeras brújulas y haz un modelo de brújula que funcione. Demuestra al resto de la clase cómo funciona.

ACTIVIDAD

Un espectáculo de luces magnéticas

Observa la **figura 10.** Esa hermosa cortina de luz se llama *aurora*. El campo magnético de la Tierra cumple un papel fundamental en la formación de las auroras. Una aurora se forma cuando las partículas con carga del Sol chocan contra los átomos de oxígeno y de nitrógeno del aire. Los átomos se excitan y emiten luces de diferentes colores.

El campo magnético de la Tierra detiene la mayoría de las partículas con carga del Sol. Pero el campo se hunde en los polos magnéticos. Por eso, las partículas con carga chocan contra la atmósfera en los polos y a su alrededor. Las auroras que se observan cerca del Polo Norte de la Tierra se llaman *luces del norte* o auroras boreales. Las que se observan cerca del Polo Sur se llaman *luces del sur* o auroras australes.

Figura 10 *La aurora es un espectáculo increíble de luces en el cielo.*

REPASO DE LA sección

Resumen

- Todos los imanes tienen dos polos. El polo norte siempre apunta al norte si se le permite girar libremente. El otro polo se llama polo sur.
- Los polos magnéticos iguales se repelen, mientras que los polos opuestos se atraen.
- Todos los imanes están rodeados de un campo magnético. La forma del campo puede mostrarse a través de las líneas del campo magnético.
- Un material es magnético si sus dominios están alineados.
- Los imanes se clasifican en ferromagnetos, electroimanes, imanes temporales e imanes permanentes.
- La Tierra actúa como si un gran imán de barra atravesara su núcleo. Las agujas de las brújulas y el polo norte de los imanes apuntan al polo sur magnético de la Tierra, que se halla cerca del Polo Norte geográfico.
- Las auroras son más frecuentes cerca de los polos magnéticos de la Tierra porque el campo magnético de la Tierra se hunde en los polos.

Usar términos clave

1. Escribe una sola oración con los siguientes términos: *imán, fuerza magnética* y *polo magnético.*

Comprender las ideas principales

2. ¿Qué metal se usa para hacer ferromagnetos?
   a. hierro
   b. cobalto
   c. níquel
   d. Todos los anteriores
3. Menciona tres propiedades de los imanes.
4. ¿Por qué algunos objetos de hierro son magnéticos y otros no?
5. ¿En qué se diferencian los imanes temporales de los imanes permanentes?

Razonamiento crítico

6. **Formular hipótesis** ¿Por qué las auroras son más frecuentes en lugares como Alaska y Australia que en lugares como Florida y México?
7. **Aplicar conceptos** Explica cómo puedes usar un imán para que parezca que un objeto pequeño está flotando en el aire.
8. **Inferir** La Luna de la Tierra no tiene atmósfera y su núcleo es sólido y frío. ¿Crees que es posible ver auroras en la Luna? Explica tu respuesta.

Interpretar gráficas

La siguiente imagen muestra un modelo de la Tierra como un gran imán. Consúltala para contestar las siguientes preguntas.

9. ¿Qué polo magnético está más cerca del Polo Norte geográfico?
10. ¿Dónde es más fuerte el campo magnético de la Tierra: cerca de la zona central (en México) o en la parte inferior (en la Antártida)? Explica tu respuesta.

SCILINKS. NSTA
Desarrollo y mantenimiento a cargo de la Asociación Nacional de Maestros de Ciencias

Para ver diversos enlaces relacionados con este capítulo, visita www.scilinks.org

Tema*: Magnetismo; Tipos de imanes
Código de SciLinks: HSM0900; HSM1566

*(Sólo en inglés)

SECCIÓN 2

Magnetismo a partir de la electricidad

La mayoría de los trenes que conoces ruedan sobre rieles. Pero ahora los ingenieros han creado trenes sin ruedas. En realidad, son trenes que flotan por encima del riel.

Esos trenes flotan debido a las fuerzas magnéticas que hay entre los vagones y el riel. Se llaman trenes de levitación magnética. Para levitar, el tren usa un tipo de imán llamado electroimán. Los electroimanes pueden crear campos magnéticos fuertes. En esta sección, aprenderás sobre la relación entre la electricidad y el magnetismo, y también sobre cómo se hacen los electroimanes.

PREPARACIÓN PARA LA LECTURA

Objetivos

- Identifica la relación entre una corriente eléctrica y un campo magnético.
- Compara los solenoides con los electroimanes.
- Describe el papel del electromagnetismo en el funcionamiento de los timbres, de los motores y de los galvanómetros.

Términos clave

electromagnetismo
solenoide
electroimán
motor eléctrico

ESTRATEGIA DE LECTURA

Organizador de lectura Mientras lees esta sección, haz una tabla para comparar los solenoides con los electroimanes.

El descubrimiento del electromagnetismo

En 1820, el físico danés Hans Christian Oersted descubrió la relación entre la electricidad y el magnetismo. Durante una clase, sostuvo una brújula cerca de un alambre que conducía una corriente eléctrica. Oersted observó que cuando la brújula se acercaba al alambre, la aguja ya no apuntaba al norte. El físico se sorprendió con el resultado. La aguja de una brújula es un imán que se aparta de la orientación norte-sur sólo cuando se encuentra en un campo magnético distinto del de la Tierra. Oersted realizó algunos experimentos con la brújula y el alambre. La **figura 1** muestra los resultados.

Figura 1 El experimento de Oersted

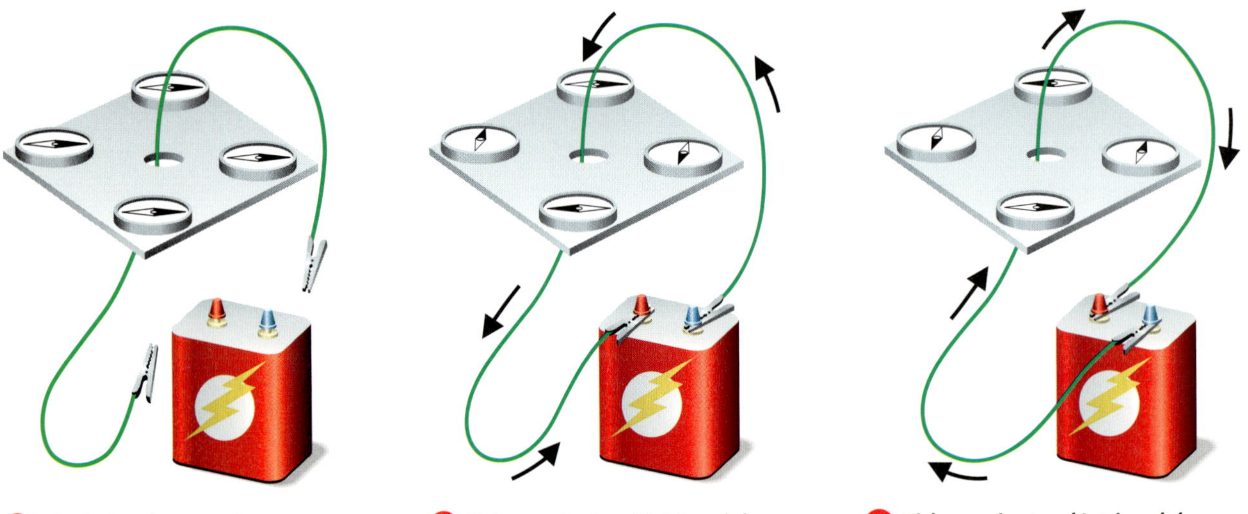

a Si el alambre no tiene una corriente eléctrica, las agujas de las brújulas apuntan en la misma dirección.

b Si la corriente eléctrica del alambre va en una dirección, las agujas de las brújulas se desvían en el sentido de las agujas del reloj.

c Si la corriente eléctrica del alambre va en la dirección opuesta, las agujas de las brújulas se desvían en el sentido contrario al de las agujas del reloj.

Más investigaciones

A partir de sus experimentos, Oersted concluyó que una corriente eléctrica produce un campo magnético. También descubrió que la dirección del campo depende de la dirección de la corriente. El científico francés André-Marie Ampère se enteró de los descubrimientos de Oersted y siguió investigando la electricidad y el magnetismo. Los trabajos de ambos fueron las primeras investigaciones sobre el electromagnetismo. El **electromagnetismo** es la interacción entre la electricidad y el magnetismo.

electromagnetismo la interacción entre la electricidad y el magnetismo

solenoide una bobina de alambre que tiene una corriente eléctrica

Comprensión de lectura **¿Qué es el electromagnetismo?** (*Consulta en el Apéndice las respuestas de comprensión de lectura.*)

Usar el electromagnetismo

El campo magnético creado por la corriente eléctrica de un alambre es capaz de mover la aguja de una brújula, pero no es lo bastante fuerte como para servir de mucho más. Sin embargo, hay dos dispositivos, el solenoide y el electroimán, que aumentan la fuerza del campo magnético creado por un alambre que conduce corriente. Ambos dispositivos hacen que el electromagnetismo sea más útil.

Solenoides

Un solo lazo de alambre con corriente no genera un campo magnético muy fuerte. Pero imagina que enrollas muchos lazos en una bobina. Los campos magnéticos de cada uno de los lazos se combinan y crean un campo mucho más fuerte. Un **solenoide** es una bobina de alambre que produce un campo magnético cuando conduce una corriente eléctrica. De hecho, el campo magnético que rodea un solenoide es muy similar al de un imán de barra, como se muestra en la **figura 2.** La fuerza del campo magnético de un solenoide aumenta cuantos más lazos se usan por metro. También es mayor cuando aumenta la corriente del alambre.

ACTIVIDAD EN INTERNET

Para hacer otra actividad relacionada con este capítulo, visita **go.hrw.com** y escribe la palabra clave **HP5EMGW.** (Disponible sólo en inglés)

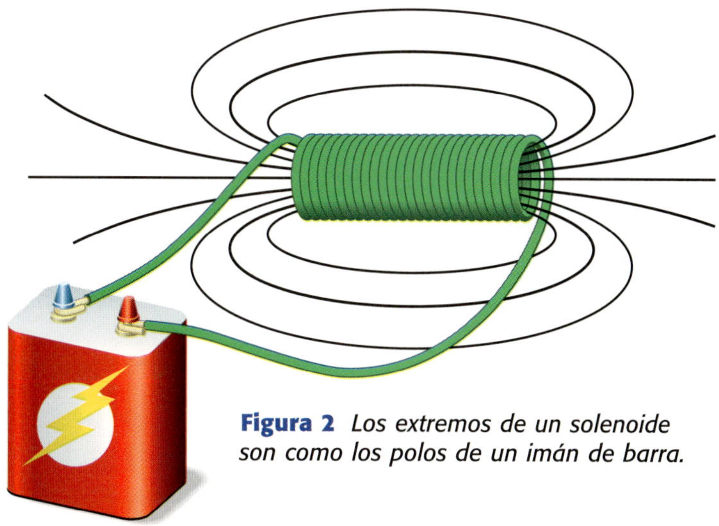

Figura 2 *Los extremos de un solenoide son como los polos de un imán de barra.*

Experimento rápido

Electroimanes

1. Enrolla fuertemente un **alambre de cobre aislado** en un **clavo de hierro grande** y deja un sobrante de 10 cm de alambre en cada extremo.
2. Sujeta con **cinta aislante** los extremos libres del alambre a la parte superior e inferior de una **pila seca**.
3. Acerca la punta del clavo a algunos **clips** e intenta levantarlos.
4. Mientras sostienes los clips en el aire, quita los alambres de la pila. Anota tus observaciones.
5. ¿Qué ventaja observaste que tienen los electroimanes?

Electroimanes

Un **electroimán** está formado por un solenoide enrollado en un núcleo de hierro. El campo magnético del solenoide hace que los dominios dentro del hierro se alineen. El campo magnético del electroimán es igual al campo del solenoide más el campo del núcleo magnetizado. Por eso, el campo magnético de un electroimán puede ser cientos de veces más fuerte que el del solenoide solo.

Para hacer que un electroimán sea todavía más fuerte, basta con aumentar la cantidad de lazos por metro en el solenoide. También puede aumentarse la corriente eléctrica del alambre. ¡Algunos electroimanes son tan fuertes que pueden levantar un automóvil o hacer levitar un tren! Los trenes de levitación magnética se elevan porque los poderosos electroimanes de los rieles repelen a los grandes imanes de los vagones.

Comprensión de lectura **¿Qué pasa con el campo magnético de un electroimán si aumentas la corriente del alambre?**

Encender y apagar electroimanes

Los electroimanes son muy útiles porque pueden encenderse y apagarse según se necesita. El solenoide tiene un campo sólo cuando hay una corriente eléctrica en él. Por lo tanto, los electroimanes atraen objetos sólo cuando hay corriente en el alambre. Cuando no hay corriente, el electroimán está apagado. La **figura 3** muestra un ejemplo de lo útil que puede ser esta propiedad.

electroimán una bobina que tiene un núcleo de hierro dulce y que funciona como un imán cuando hay una corriente eléctrica en la bobina

Figura 3 *Los electroimanes que se usan en los depósitos de reciclaje de automóviles se encienden para levantar objetos de metal y se apagan para bajarlos.*

Aplicaciones del electromagnetismo

El electromagnetismo es útil en la vida cotidiana. Ya sabes que los electroimanes se usan para levantar objetos pesados que contienen hierro. ¿Pero sabías que cada vez que tocas el timbre usas un solenoide? ¿O que hay electroimanes en los motores? Sigue leyendo y aprenderás cómo el electromagnetismo hace funcionar estos objetos.

Timbres

Observa la **figura 4.** ¿Alguna vez has notado que el botón de un timbre tiene una luz en su interior? ¿Te has fijado que cuando aprietas el botón la luz se apaga? El timbre tiene dos solenoides que lo hacen funcionar. Al presionar el botón, se abre el circuito del primer solenoide. La corriente se detiene, desaparece el campo magnético y se apaga la luz. El cambio en el campo genera una corriente en el segundo solenoide. Esta corriente induce un campo magnético que empuja una varilla de hierro que hace sonar el timbre.

Figura 4 *Para hacer sonar un timbre son necesarios dos solenoides.*

La fuerza magnética y la corriente eléctrica

La corriente eléctrica hace que la aguja de una brújula se mueva. La aguja es un imán pequeño y se mueve porque la corriente eléctrica de un alambre crea un campo magnético que ejerce fuerza sobre ella. Si un alambre que conduce corriente hace mover un imán, ¿puede un imán hacer mover un alambre con corriente? La **figura 5** muestra que la respuesta es afirmativa. Esta propiedad es útil en los motores eléctricos.

✓ *Comprensión de lectura* **¿Por qué un alambre que conduce corriente hace mover la aguja de una brújula?**

Figura 5 **La fuerza magnética de un alambre con corriente**

a Si se pone un alambre con corriente entre los dos polos de un imán, el alambre es impulsado hacia arriba.

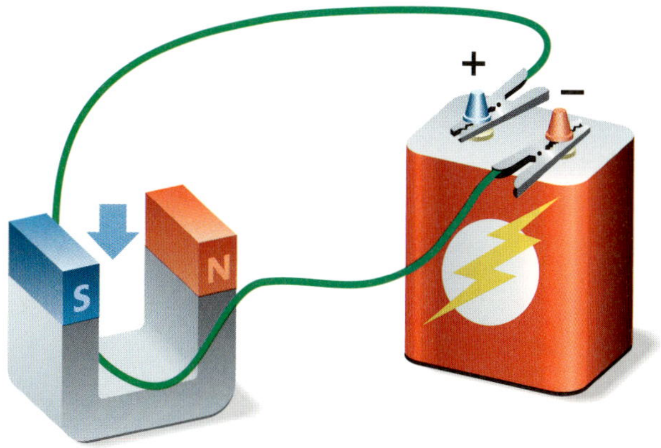

b Al intercambiar los alambres en las pilas, cambia la dirección de la corriente y el alambre es empujado hacia abajo.

motor eléctrico un aparato que transforma la energía eléctrica en energía mecánica

Motores eléctricos

Un **motor eléctrico** es un aparato que transforma la energía eléctrica en energía mecánica. Todos los motores eléctricos tienen una *armadura,* es decir, una vuelta o bobina de alambre que puede girar. La armadura está montada entre los polos de un imán permanente o electroimán.

En los motores eléctricos que usan corriente continua, se coloca un aparato llamado *conmutador* en la armadura para cambiar la dirección de la corriente eléctrica del alambre. Un conmutador es un anillo que está dividido por la mitad y conectado a los extremos de la armadura. La corriente eléctrica ingresa en la armadura a través de las escobillas que están en contacto con el conmutador. Cada vez que la armadura y el conmutador dan media vuelta, la dirección de la corriente de la armadura cambia. La **figura 6** muestra cómo funciona un motor de corriente continua.

Figura 6 **Un motor eléctrico de corriente continua**

Encendido Una corriente eléctrica en la armadura hace que el imán ejerza una fuerza sobre ella. Debido a la dirección de la corriente en ambos lados de la armadura, el imán levanta un lado y baja el otro. Esta atracción hace que la armadura gire.

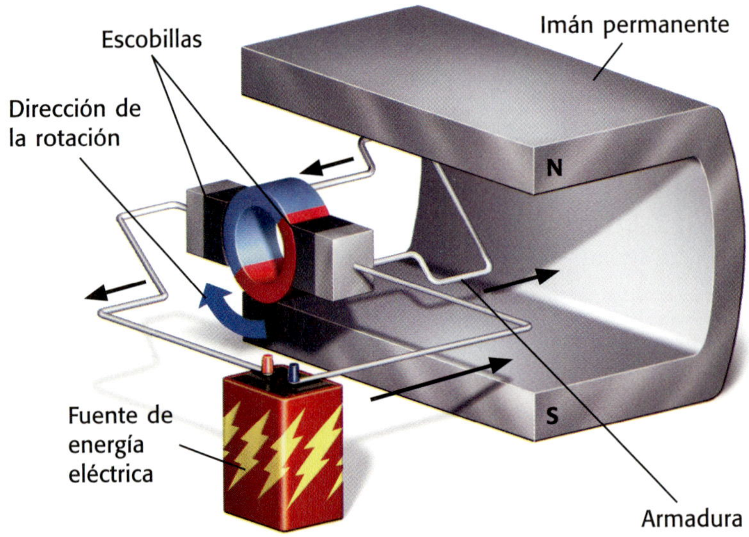

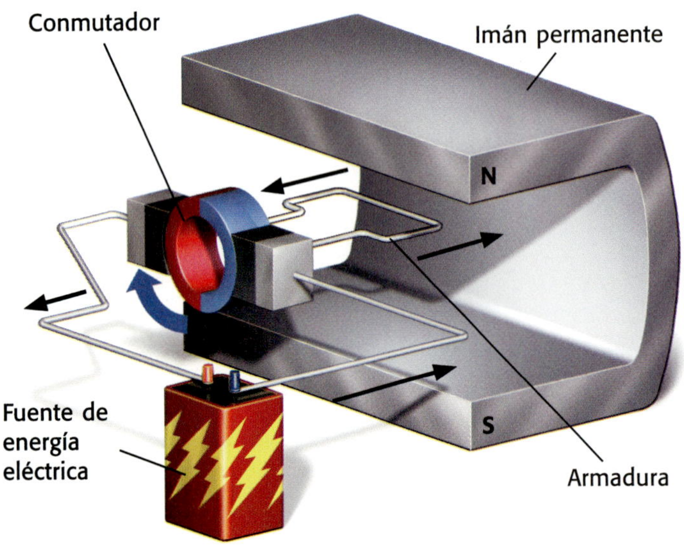

Funcionamiento del motor A medida que la armadura gira, el conmutador hace que la corriente eléctrica de la bobina cambie de dirección. Cuando se cambia la dirección de la corriente eléctrica, el lado de la bobina que se había levantado ahora baja y el lado que había bajado ahora se levanta. El cambio de dirección hace que la armadura continúe girando.

Galvanómetros

Los galvanómetros miden la corriente. Suele encontrárselos en los equipos que usan los electricistas, como el voltímetro y el amperímetro de la **figura 7.** El galvanómetro tiene un electroimán entre los polos de un imán permanente. Los polos del imán permanente repelen a los polos del electroimán. El electroimán puede girar libremente y está unido a una aguja. Ésta se mueve a lo largo de una escala que indica la magnitud y la dirección de la corriente.

Comprensión de lectura **¿Qué mide un galvanómetro?**

Figura 7 *Este amperímetro usa un galvanómetro para medir la corriente eléctrica.*

REPASO DE LA sección

Resumen

- Oersted descubrió que un alambre que conduce una corriente forma un campo magnético.
- El electromagnetismo es la interacción entre la electricidad y el magnetismo.
- Un electroimán es un solenoide que tiene un núcleo de hierro.
- Un imán puede ejercer una fuerza sobre un alambre que conduce una corriente.
- Los timbres, los motores eléctricos y los galvanómetros usan el electromagnetismo.

Usar términos clave

Explica la diferencia entre los siguientes pares de términos.

1. *electroimán* y *solenoide*

Comprender las ideas principales

2. ¿Cuál de las siguientes acciones disminuye la fuerza del campo magnético de un electroimán?
   - **a.** usar menos lazos de alambre por metro de la bobina
   - **b.** disminuir la corriente del alambre
   - **c.** quitar el núcleo de hierro
   - **d.** Todas las anteriores
3. Describe qué pasa cuando acercas una brújula a un alambre que conduce una corriente.
4. ¿Qué relación hay entre la corriente eléctrica y el campo magnético?
5. ¿Qué hace girar la armadura de un motor eléctrico?

Razonamiento crítico

6. **Aplicar conceptos** ¿Qué relación hay entre los experimentos de Hans Christian Oersted y el galvanómetro? Explica tu respuesta.
7. **Comparar** Compara la estructura y el campo magnético de los solenoides y de los electroimanes.

Interpretar gráficas

8. Observa la siguiente imagen. Un amigo tuyo dice que la imagen muestra un electroimán porque hay lazos con un núcleo en el centro. ¿Tiene razón? Explica tu razonamiento.

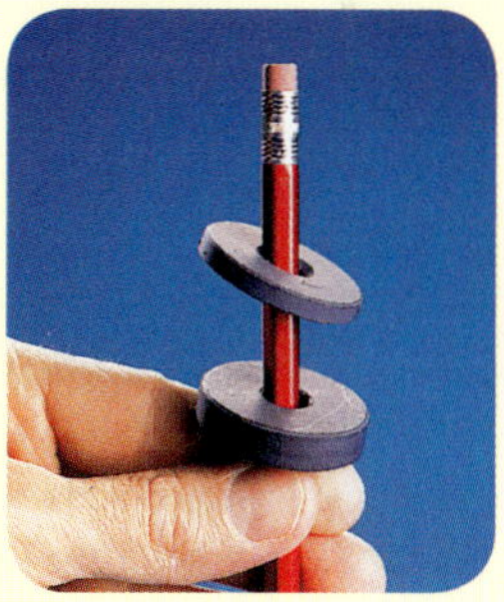

SCILINKS. NSTA — Desarrollo y mantenimiento a cargo de la Asociación Nacional de Maestros de Ciencias

Para ver diversos enlaces relacionados con este capítulo, visita www.scilinks.org

Tema*: Electromagnetismo
Código de SciLinks: HSM0483

*(Sólo en inglés)

SECCIÓN 3

Electricidad a partir del magnetismo

Cuando usas un aparato electrodoméstico o enciendes una luz en tu casa, seguramente no piensas de dónde proviene la energía eléctrica.

Las compañías de electricidad suministran la energía a la mayoría de los hogares. En esta sección, aprenderás cómo un campo magnético puede inducir una corriente eléctrica y cómo las compañías usan este proceso para suministrar energía eléctrica.

PREPARACIÓN PARA LA LECTURA

Objetivos

- Explica cómo un campo magnético puede formar una corriente eléctrica.
- Explica cómo se usa la inducción electromagnética en un generador.
- Compara un transformador elevador con un transformador rebajador.

Términos clave

inducción electromagnética
generador eléctrico
transformador

ESTRATEGIA DE LECTURA

Resumen en parejas Lee esta sección en silencio. Túrnate con un compañero para resumir el material. Hagan pausas para comentar las ideas que les resulten confusas.

Corriente eléctrica a partir de un campo magnético cambiante

Hans Christian Oersted descubrió que la corriente eléctrica podía formar un campo magnético. Poco después, los científicos comenzaron a preguntarse si un campo magnético podía formar una corriente eléctrica. En 1831, dos científicos, cada uno por separado, resolvieron el problema. Joseph Henry, de Estados Unidos, lo resolvió primero. Pero Michael Faraday, de Gran Bretaña, publicó sus resultados antes; además, los comunicó con muchos detalles y, por eso, sus resultados son más conocidos.

El experimento de Faraday

Faraday usó un modelo como el que se muestra en la **figura 1.** Él esperaba que el campo magnético del electroimán formara una corriente eléctrica en el segundo alambre. Pero por más fuerte que fuera el electroimán, no logró obtener una corriente eléctrica en el segundo alambre.

Comprensión de lectura **¿Qué quería hacer Faraday con este experimento?** (*Consulta en el Apéndice las respuestas de comprensión de lectura.*)

Figura 1 **El experimento de Faraday con los imanes y la inducción**

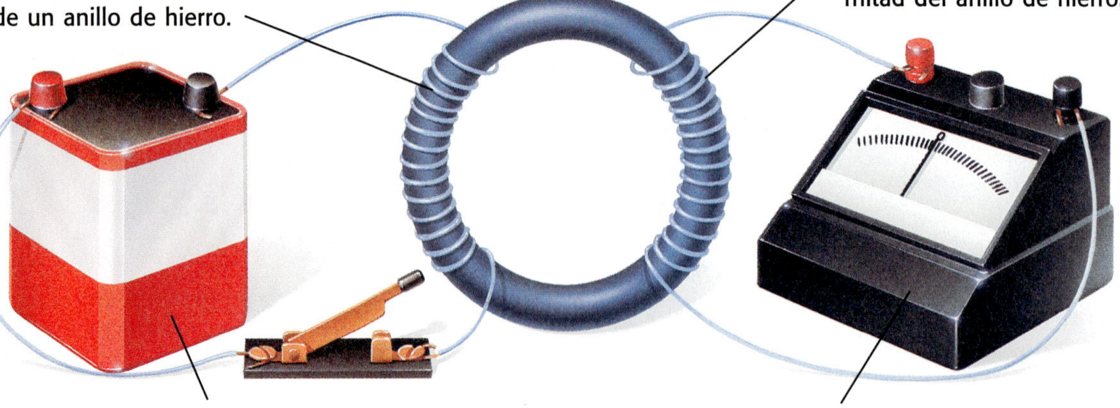

Un alambre estaba enrollado alrededor de una de las mitades de un anillo de hierro.

Un segundo alambre estaba enrollado alrededor de la otra mitad del anillo de hierro.

Una pila suministraba corriente eléctrica al alambre y formaba así un electroimán.

Un galvanómetro medía toda la corriente que el campo magnético producía en el segundo alambre.

Figura 2 **Factores que afectan a una corriente inducida**

a Si mueves un imán a través de una bobina de alambre, se induce un corriente eléctrica.

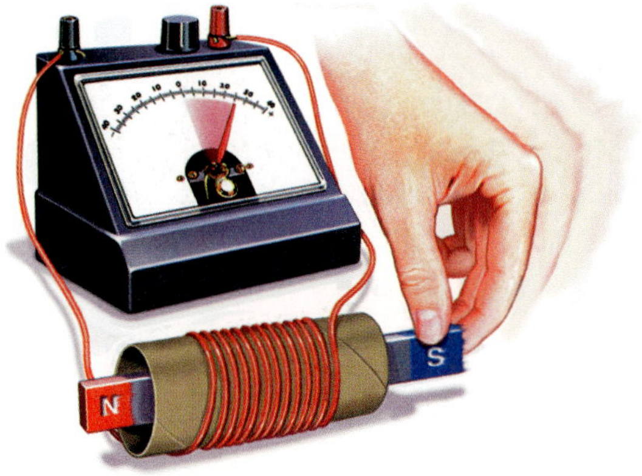

b Si mueves el imán más rápido, se induce una corriente eléctrica mayor porque el campo magnético cambia a una mayor velocidad.

c Si añades más lazos de alambre, se induce una corriente eléctrica mayor. Este imán se mueve a la misma velocidad que el imán de **b.**

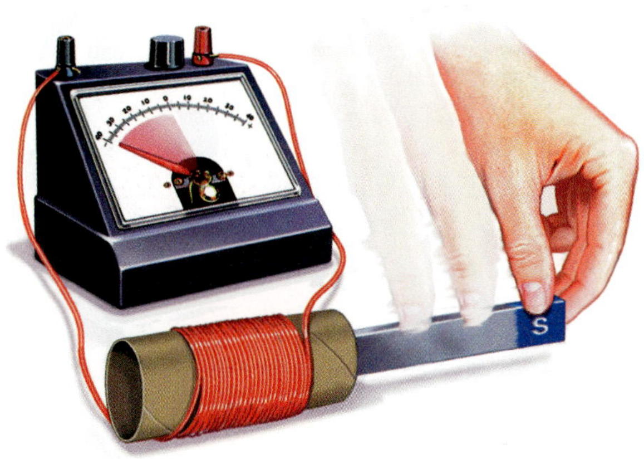

d La corriente eléctrica inducida cambia de dirección si se extrae el imán en lugar de introducirlo.

Éxito por un momento

Mientras Faraday experimentaba con el anillo electromagnético, observó algo interesante. En el momento de conectar los alambres a la pila, la aguja del galvanómetro se movía. Ese movimiento demostraba que había una corriente eléctrica. La aguja volvía a moverse al desconectar la pila. Pero mientras la pila estaba conectada, el galvanómetro no registraba ninguna corriente eléctrica.

Faraday se dio cuenta de que la corriente eléctrica del segundo alambre sólo se formaba cuando el campo magnético cambiaba. Esto pasaba al conectar o desconectar la pila. El proceso por el que se forma una corriente eléctrica al cambiar un campo magnético se llama **inducción electromagnética.** Faraday hizo más experimentos sobre este tema. La **figura 2** muestra algunos de sus resultados.

inducción electromagnética el proceso de crear una corriente en un circuito por medio de un cambio en el campo magnético

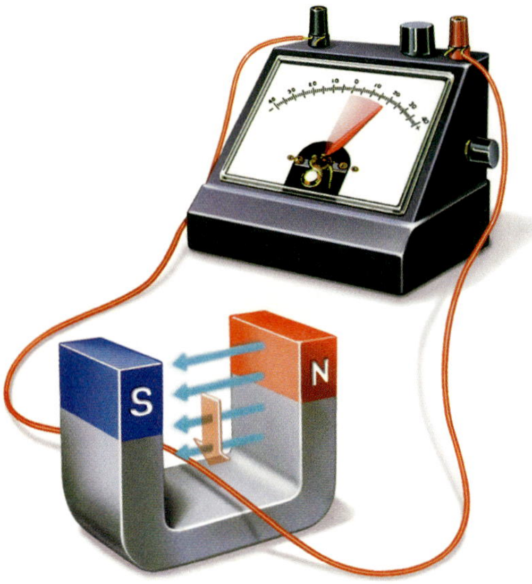

Figura 3 *Cuando el alambre se mueve entre los polos del imán, atraviesa las líneas del campo magnético y se induce una corriente eléctrica.*

Inducir corriente eléctrica

El experimento de Faraday también demostró que mover el imán o el alambre modifica el campo magnético que rodea al alambre. Por lo tanto, una corriente eléctrica se forma cuando se pasa un imán por una bobina de alambre o cuando se mueve un alambre entre los polos de un imán.

Piensa en las líneas de los campos magnéticos que están entre los polos de un imán. Una corriente eléctrica se induce sólo cuando un alambre atraviesa las líneas de los campos magnéticos, como se muestra en la **figura 3.** La corriente eléctrica se induce porque una fuerza magnética hace que las cargas eléctricas se muevan. Pero las cargas de un alambre sólo se mueven cuando éste atraviesa un campo magnético.

Generadores eléctricos

La inducción electromagnética es muy importante para la generación de energía eléctrica. Un **generador eléctrico** usa la inducción electromagnética para transformar la energía mecánica en energía eléctrica. La **figura 4** muestra las partes de un generador simple. En la **figura 5** se explica cómo funciona un generador.

generador eléctrico un aparato que transforma la energía mecánica en energía eléctrica

Comprensión de lectura **¿Qué transformación de energía ocurre en un generador eléctrico?**

Figura 4 **Las partes de un generador simple**

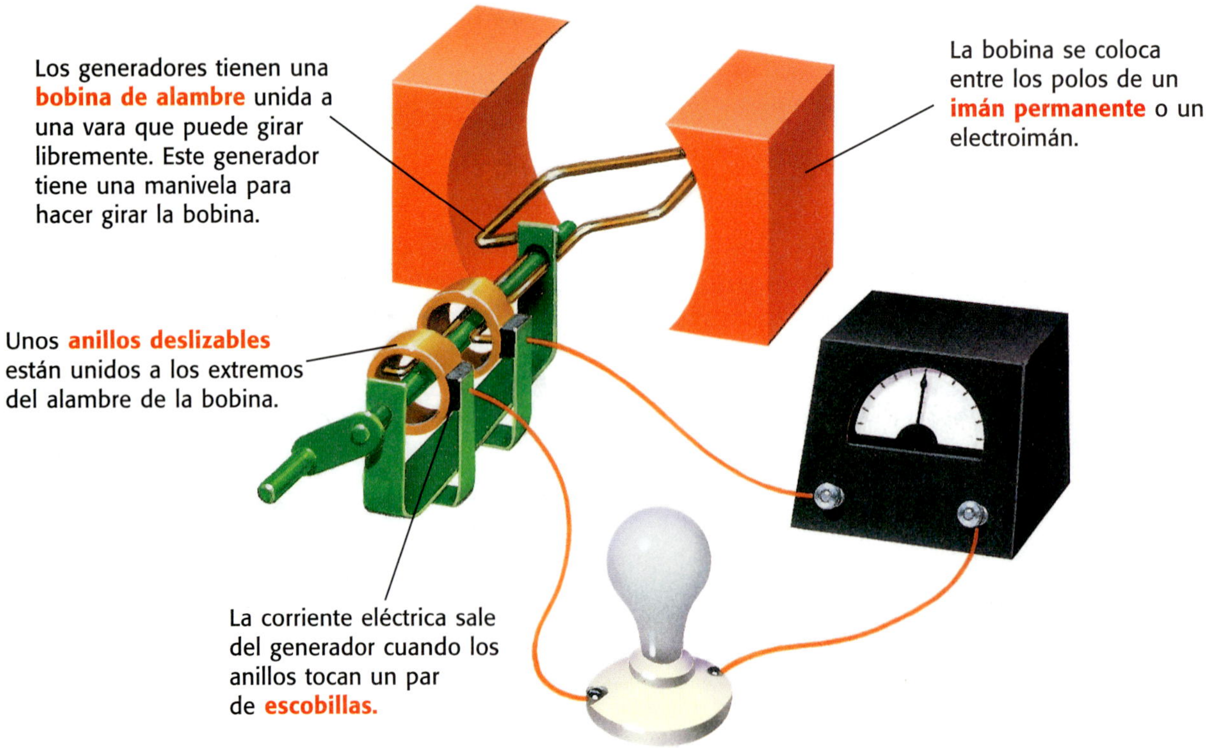

Figura 5 **Cómo funciona un generador**

1. Cuando se hace girar la manivela, la bobina que gira atraviesa las líneas del campo magnético del imán y se induce una corriente eléctrica en el alambre.
2. Cuando la bobina no atraviesa las líneas del campo magnético, no se induce ninguna corriente.
3. A medida que la bobina continúa girando, las líneas del campo magnético son atravesadas en otra dirección. Se induce una corriente eléctrica en la dirección opuesta.

Corriente alterna

La corriente alterna que produce el generador de la **figura 5** cambia de dirección cada vez que la bobina hace una media vuelta. Como la corriente eléctrica cambia de dirección, es una corriente alterna. Los generadores de las centrales eléctricas también producen corriente alterna. Pero son generadores muy grandes. Tienen muchas bobinas de alambre y no sólo una. En la mayoría de los grandes generadores, lo que gira es el imán y no la bobina.

Generar energía eléctrica

La energía que los generadores transforman en energía eléctrica proviene de distintas fuentes. La de las centrales nucleares es la energía térmica de una reacción nuclear. La energía hace que el agua hierva y se convierta en vapor. El vapor hace girar una turbina. La turbina hace girar el imán del generador, lo que induce una corriente eléctrica y genera energía eléctrica. Otros tipos de centrales eléctricas usan combustibles como el carbón o el gas para liberar energía térmica.

También puede usarse la energía del viento para hacer girar las turbinas. La **figura 6** muestra cómo la energía de un salto de agua se transforma en energía eléctrica en una central hidroeléctrica.

✓ Comprensión de lectura **Menciona tres fuentes de energía que se usan para generar energía eléctrica.**

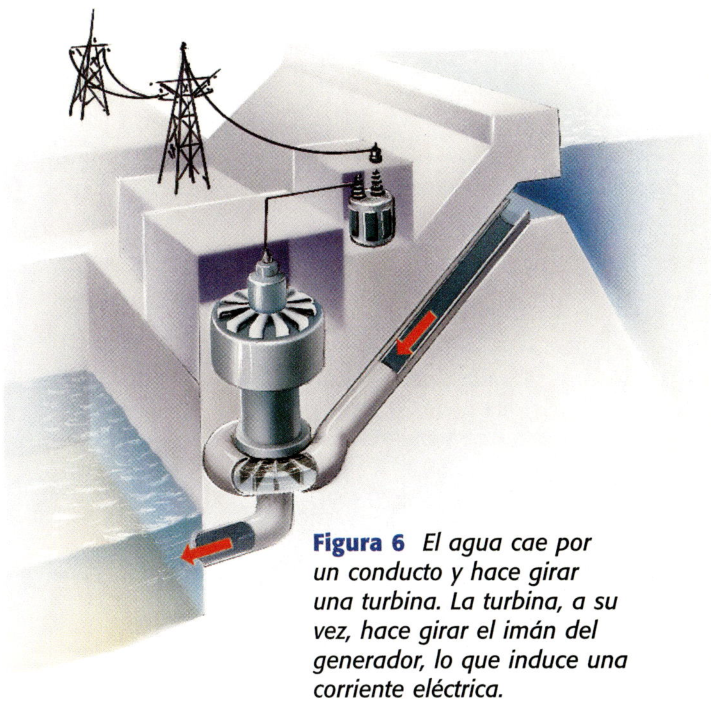

Figura 6 *El agua cae por un conducto y hace girar una turbina. La turbina, a su vez, hace girar el imán del generador, lo que induce una corriente eléctrica.*

Figura 7 Cómo cambian el voltaje los transformadores

La bobina primaria de un **transformador elevador** tiene menos lazos que la secundaria. Por lo tanto, el voltaje de la corriente eléctrica de la bobina secundaria es mayor que el voltaje de la corriente eléctrica de la bobina primaria y, por eso, el voltaje aumenta.

La bobina primaria de un **transformador rebajador** tiene más lazos que la secundaria. Por lo tanto, el voltaje de la corriente eléctrica de la bobina secundaria es menor que el voltaje de la corriente eléctrica de la primaria y, por eso, el voltaje disminuye.

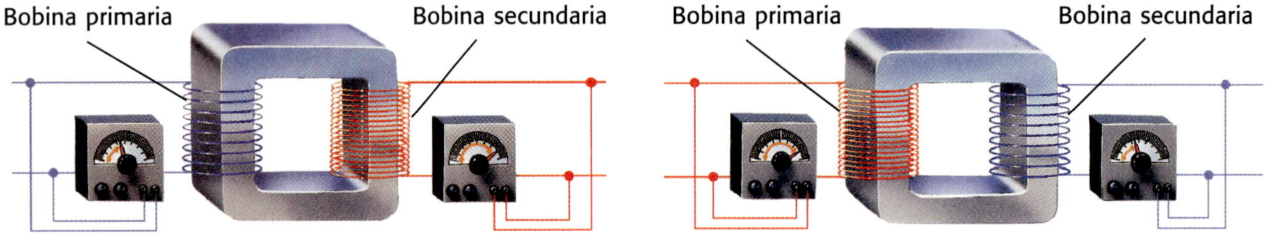

Transformadores

transformador un aparato que aumenta o disminuye el voltaje de la corriente alterna

Otro aparato que depende de la inducción es el transformador. Un **transformador** aumenta o disminuye el voltaje de la corriente alterna. Un transformador simple está formado por dos bobinas de alambre enrolladas alrededor de un anillo de hierro. La bobina primaria obtiene la corriente alterna de una fuente de energía eléctrica. La corriente convierte al anillo en un electroimán. Pero la corriente de la bobina primaria es alterna. El campo magnético del electroimán cambia cuando la dirección de la corriente también lo hace. Los cambios en el campo magnético del anillo de hierro inducen una corriente en la bobina secundaria.

Comprensión de lectura **¿Qué hace un transformador?**

Elevar y rebajar

La cantidad de lazos de las bobinas primarias y secundarias de un transformador determina si el voltaje aumenta o disminuye, como se muestra en la **figura 7.** Un transformador elevador aumenta el voltaje y disminuye la corriente. Un transformador rebajador disminuye el voltaje y aumenta la corriente. Sin embargo, la cantidad de energía que entra y sale del transformador no varía.

La energía eléctrica de tu hogar

La corriente eléctrica que suministra energía a tu hogar suele transformarse tres veces, como se muestra en la **figura 8.** En las centrales eléctricas, se aumenta el voltaje. Esto disminuye las pérdidas que tienen lugar cuando la energía recorre largas distancias. Por supuesto, también debe disminuirse el voltaje nuevamente para poder usar la corriente. Antes de que la corriente eléctrica llegue a tu hogar, se usan dos transformadores rebajadores.

PRÁCTICA de MATEMÁTICAS

Los transformadores y el voltaje

En un transformador, el voltaje dividido por la cantidad de lazos debe ser igual en cada bobina.

¿Cuál es el voltaje de la bobina secundaria de un transformador que tiene 20 lazos si la bobina primaria tiene 10 lazos y un voltaje de 1,200 V?

Figura 8 Cómo llega la energía a tu hogar

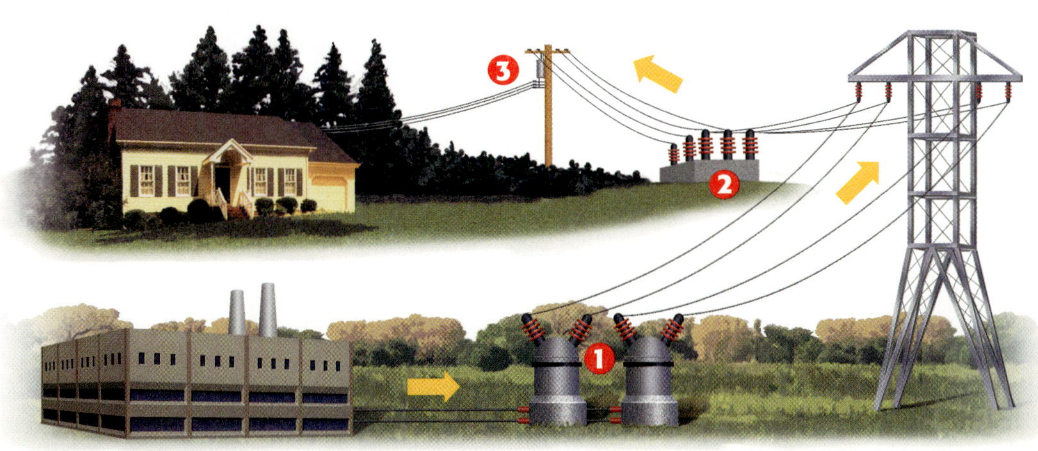

1. El voltaje se eleva miles de veces en la central eléctrica.
2. El voltaje se rebaja en un centro local de distribución eléctrica.
3. El voltaje se rebaja nuevamente en un transformador cerca de tu hogar.

REPASO DE LA sección

Resumen

- La inducción electromagnética es el proceso de producir una corriente eléctrica mediante un cambio en un campo magnético.
- Un generador eléctrico transforma la energía mecánica en energía eléctrica mediante la inducción electromagnética.
- Un transformador elevador aumenta el voltaje de la corriente alterna, mientras que un transformador rebajador lo reduce.
- El lado del transformador con mayor cantidad de lazos tiene el voltaje más alto.

Usar términos clave

Explica la diferencia entre los siguientes pares de términos.

1. *generador eléctrico* y *transformador*

Comprender las ideas principales

2. ¿Cuál de las siguientes opciones induce una corriente eléctrica en un alambre?
   a. mover un imán dentro de una bobina de alambre
   b. mover un alambre entre los polos de un imán
   c. hacer girar una vuelta de alambre entre los polos de un imán
   d. Todas las anteriores
3. ¿Cómo produce una corriente eléctrica un generador?
4. Compara un transformador elevador con un transformador rebajador según el número de lazos que tienen en las bobinas primarias y secundarias.

Destrezas matemáticas

5. Un transformador tiene 500 lazos en la bobina primaria y 5,000 lazos en la bobina secundaria. Si el voltaje de la bobina secundaria es 20,000 V, ¿cuál es el voltaje de la bobina primaria?
6. Un transformador tiene 3,000 lazos en la bobina primaria y 1,500 lazos en la bobina secundaria. Si el voltaje de la bobina primaria es 120 V, ¿cuál es el voltaje de la bobina secundaria?

Razonamiento crítico

7. **Analizar ideas** Una razón por la que las centrales eléctricas no envían energía eléctrica en forma de corriente continua es que la corriente continua no puede transformarse. Explica por qué no.
8. **Analizar procesos** Explica por qué el hacer girar la bobina o el imán de un generador induce una corriente eléctrica.

SCILINKS. NSTA
Desarrollo y mantenimiento a cargo de la Asociación Nacional de Maestros de Ciencias

Para ver diversos enlaces relacionados con este capítulo, visita www.scilinks.org

Tema*: Inducción electromagnética

Código de SciLinks: HSM0481

*(Sólo en inglés)

Laboratorio de construcción de modelos

Construye un motor de CC

OBJETIVOS

Construye un modelo de un motor eléctrico.

Analiza el funcionamiento de las partes de un motor.

MATERIALES

- alambre aislado de unos 30 cm de largo con pinzas de contacto (2)
- cinta adhesiva
- clips grandes (2)
- hilo magnético de 100 cm
- imanes de disco (4)
- marcador permanente
- papel de lija
- pila de 4.5 V
- tubo de cartón
- vaso de espuma de plástico

SEGURIDAD

Los motores eléctricos tienen muchos usos. Las secadoras de pelo, los reproductores de discos compactos, e incluso algunos automóviles y autobuses funcionan con motores eléctricos. En este experimento, construirás un motor eléctrico de corriente continua, que es la base de los motores eléctricos que usas a diario.

Procedimiento

1. Para hacer la armadura del motor, enrolla el alambre alrededor del tubo de cartón para formar una bobina como la que se muestra a continuación. Enrolla los extremos del alambre alrededor de los lazos ubicados a cada lado de la bobina. Deja 5 cm de alambre libre en las puntas.

2. Sostén la bobina por el borde. Lija el esmalte de la mitad superior únicamente del extremo de cada alambre. Esto funciona como un conmutador, excepto que en lugar de revertir la corriente eléctrica en la mitad de cada rotación, la detiene.

3. Abre parcialmente los dos clips por la mitad. Haz un gancho en un extremo de cada clip para sostener la bobina, como se muestra a continuación.

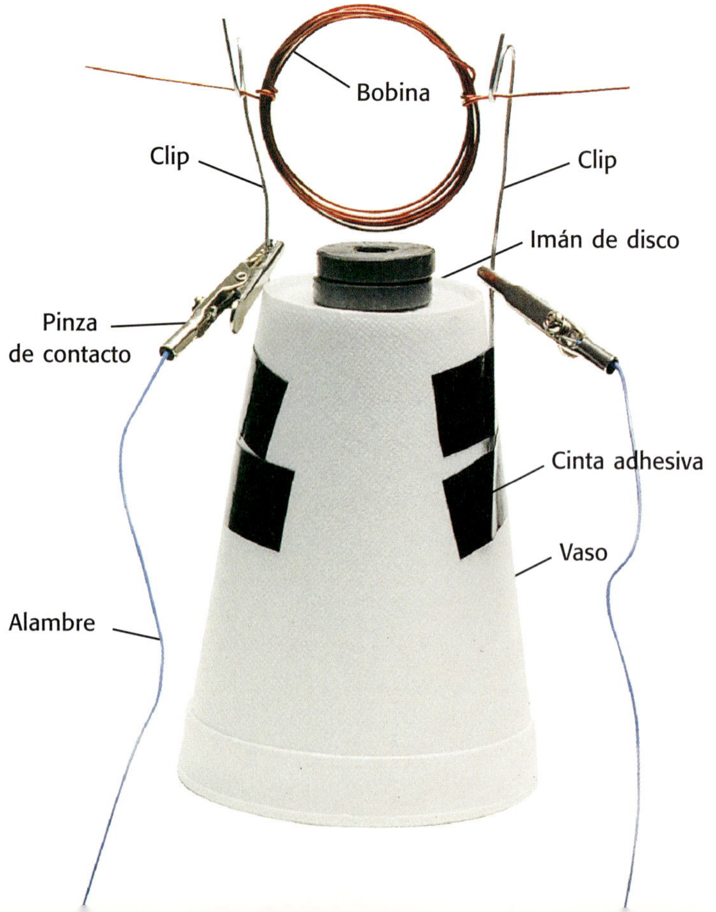

4. Pon dos imanes de disco en el fondo del vaso y los otros dos por fuera, sobre la base del vaso. Los imanes no deben salirse de su lugar si das vuelta el vaso.
5. Pega con cinta los clips a los lados del vaso. Los ganchos deben estar a la misma altura y deben evitar que la bobina toque el imán.
6. Prueba la bobina. Hazla girar despacio con el dedo. La bobina debe girar libremente, sin tambalearse ni deslizarse hacia un lado.
7. Ajusta los extremos del alambre y los ganchos hasta que la bobina gire libremente.
8. Con las pinzas de contacto, sujeta un alambre a cada clip.
9. Coloca el extremo libre de un alambre a una terminal de la pila.
10. Conecta el extremo libre del otro alambre a la segunda terminal de la pila. Haz girar la bobina despacio. Anota tus observaciones.

11. Detén la bobina y hazla girar despacio en la dirección opuesta. Anota tus observaciones.
12. Si la bobina no sigue girando, revisa los extremos del alambre. El alambre sin esmalte debe tocar los clips durante la primera media vuelta y sólo el esmalte debe tocarlos durante la otra media vuelta.
13. Si quitaste demasiado esmalte, colorea la mitad del alambre con el marcador permanente.
14. Invierte las conexiones a la pila y repite los pasos 10 y 11.

Analiza los resultados

1. **Describir sucesos** ¿El motor giró siempre en la dirección que tú le diste? Explica tu respuesta.
2. **Explicar sucesos** ¿Por qué invertir las conexiones a las pilas afectó al motor?
3. **Explicar sucesos** Algunos automóviles eléctricos funcionan con energía solar. ¿Qué parte del modelo se reemplazaría por los paneles solares?

Saca conclusiones

4. **Sacar conclusiones** Algunas personas dicen que los automóviles que funcionan con energía eléctrica producen menos contaminación que los que funcionan con gasolina. ¿Por qué puede ser cierta esta opinión?
5. **Evaluar modelos** Enumera algunas razones por las que los automóviles eléctricos no son ideales.
6. **Aplicar conclusiones** ¿Cómo podría usarse tu modelo para diseñar una secadora de pelo?
7. **Aplicar conclusiones** Haz una lista de al menos otros tres aparatos que podrían funcionar con un motor eléctrico como el que construiste.

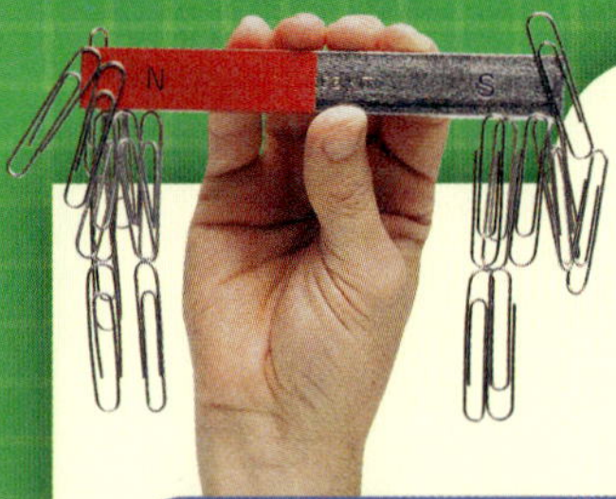

Repaso del capítulo

USAR TÉRMINOS CLAVE

Escoge el término correcto del banco de palabras para completar las siguientes oraciones.

motor eléctrico	transformador
fuerza magnética	generador eléctrico
polo magnético	electromagnetismo
inducción electromagnética	

1. Cada extremo de un imán de barra es un/una ___.

2. Un/Una ___ transforma la energía mecánica en energía eléctrica.

3. El/La ___ ocurre cuando un campo magnético cambiante forma una corriente eléctrica.

4. La relación entre la electricidad y el magnetismo se llama ___.

COMPRENDER LAS IDEAS PRINCIPALES

Opción múltiple

5. En la región alrededor de un imán en la que actúan las fuerzas magnéticas existe el
   - **a.** campo magnético.
   - **b.** dominio.
   - **c.** polo.
   - **d.** solenoide.

6. Un ventilador eléctrico tiene un motor eléctrico en su interior que transforma
   - **a.** la energía mecánica en energía eléctrica.
   - **b.** la energía térmica en energía eléctrica.
   - **c.** la energía eléctrica en energía térmica.
   - **d.** la energía eléctrica en energía mecánica.

7. El extremo marcado de la aguja de una brújula siempre apunta directamente al
   - **a.** Polo Sur geográfico de la Tierra.
   - **b.** Polo Norte geográfico de la Tierra.
   - **c.** polo sur de un imán.
   - **d.** polo norte de un imán.

8. Un aparato que aumenta el voltaje de una corriente alterna se llama
   - **a.** motor eléctrico.
   - **b.** galvanómetro.
   - **c.** transformador elevador.
   - **d.** transformador rebajador.

9. El campo magnético de un solenoide aumenta al
   - **a.** añadir más lazos por metro.
   - **b.** aumentar la corriente.
   - **c.** colocar un núcleo de hierro dentro de la bobina para hacer un electroimán.
   - **d.** Todas las anteriores

10. ¿Qué obtienes si cortas un imán por la mitad?
    - **a.** una parte de polo norte y una parte de polo sur
    - **b.** dos partes desmagnetizadas
    - **c.** dos partes con un polo sur y un polo norte cada una
    - **d.** dos partes de polo norte

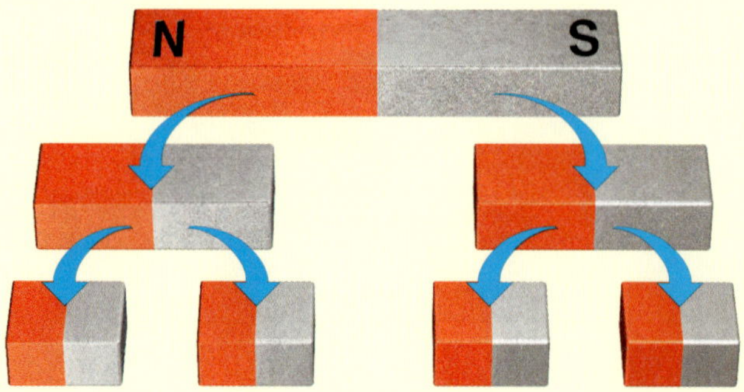

Respuesta breve

11 Explica por qué las auroras se ven principalmente cerca del Polo Norte y del Polo Sur.

12 Compara la función de un generador eléctrico con la función de un motor eléctrico.

13 Explica por qué algunos trozos de hierro son más magnéticos que otros.

Destrezas matemáticas

14 Un transformador elevador aumenta 20 veces el voltaje. Si el voltaje de la bobina primaria es 1,200 V, ¿cuál es el voltaje de la bobina secundaria?

RAZONAMIENTO CRÍTICO

15 **Mapa de conceptos** Haz un mapa de conceptos con los siguientes términos: *electromagnetismo, electricidad, magnetismo, inducción electromagnética, generadores* y *transformadores*.

16 **Aplicar conceptos** Ganaste una linterna accionada a mano como premio en la feria de ciencias de tu escuela. La linterna tiene una caja de plástico transparente, de modo que puedes observar el interior para ver cómo funciona. Cuando presionas la manija, un anillo gris gira entre dos bobinas de alambre. Los extremos del alambre están conectados al foco. Por lo tanto, cuando presionas la manija, el foco se enciende. Explica cómo se produce una corriente eléctrica para encender el foco. (Pista: el anillo gris atrae a los clips.)

17 **Identificar relaciones** Las puertas contra incendios cerradas detienen el avance del fuego por las habitaciones. En algunos edificios, unos electroimanes controlados por el sistema de alarma contra incendios del edificio mantienen esas puertas abiertas. Si se detecta un incendio, las puertas se cierran de forma automática. Explica por qué se usan electroimanes en lugar de imanes permanentes.

INTERPRETAR GRÁFICAS

18 Observa los siguientes solenoides y electroimanes. Identifica cuál de ellos tiene el campo magnético más fuerte y cuál tiene el campo magnético más débil. Explica tu razonamiento.

a

Corriente = 2 A

b

Corriente = 2 A

c

Corriente = 4 A

d

Corriente = 4 A

Preparación para los exámenes estandarizados

LECTURA

Lee los siguientes pasajes. Luego, contesta las preguntas correspondientes.

Pasaje 1 Coloca un pequeño disco de espuma plástica en un cuenco con agua. Con una mano sostén una aguja de coser por el ojo, y con la otra sostén un imán de barra. Desliza un extremo del imán por la aguja, comenzando por el ojo, cerca de los dedos, y hasta terminar más allá de la punta. Desliza el imán en la misma dirección unas 20 veces. Asegúrate de que cada vez que lo pases, uses el mismo extremo del imán y lo deslices en la misma dirección. Con cuidado, coloca la aguja sobre la espuma plástica. La aguja y la espuma deben flotar. Acerca el polo sur del imán a la aguja. Observa qué extremo de la aguja apunta hacia el imán. Retira el imán y observa cómo gira la aguja. El extremo que apuntaba al polo sur del imán apuntará hacia el norte.

1. ¿Cuál es la función del pasaje?

A expresar
B enseñar
C convencer
D indicar

2. ¿Qué construye una persona si sigue los pasos que se describen el pasaje?

F un flotador
G un imán de barra
H un electroimán
I una brújula

Pasaje 2 ¡Se ha visto flotar a las ranas por el aire! No, no se trata de un truco de magia. Es parte de un experimento sobre levitación magnética. Todos los objetos, vivos o sin vida, tienen átomos que actúan como imanes. Estos imanes atómicos son millones de veces más débiles que los imanes comunes que se usan en los hogares. Pero son lo bastante fuertes como para que otros imanes los afecten. Si se expone un objeto, como una rana, a un imán lo suficientemente fuerte, la fuerza magnética entre el objeto y el imán levanta el objeto y lo hace flotar. En estos experimentos se usa un solenoide grande. Un solenoide es una bobina de alambre que funciona como un imán cuando hay una corriente eléctrica en el alambre. El solenoide tiene un campo magnético con un polo norte y uno sur. La interacción del campo magnético del solenoide y de los campos magnéticos de los átomos del objeto hace que este último flote.

1. ¿Por qué puede hacerse flotar un objeto en un campo magnético?

A porque todos los objetos tienen un campo magnético fuerte
B porque todos los objetos tienen átomos con campos magnéticos
C porque todos los objetos funcionan como un solenoide
D porque todos los objetos forman un campo magnético cuando se exponen a un imán doméstico

2. ¿Cuál de las siguientes opciones puede inferirse a partir de la información del pasaje?

F Los imanes domésticos no levitan en el solenoide usado en el experimento.
G Los imanes atómicos son más fuertes que el solenoide del experimento.
H Los imanes domésticos son lo bastante fuertes como para hacer levitar a una rana.
I Los imanes domésticos son más fuertes que los imanes atómicos pero más débiles que el solenoide del experimento.

INTERPRETAR GRÁFICAS

La siguiente gráfica muestra la relación entre la corriente y el ángulo de rotación para la salida de un generador de corriente alterna. Consulta la gráfica para contestar las siguientes preguntas.

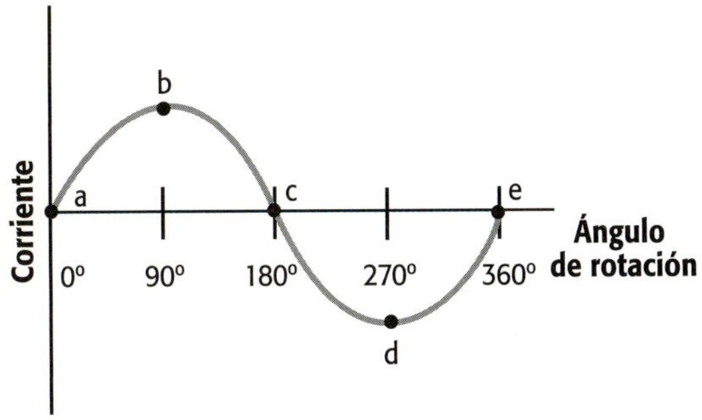

1. ¿Cuál de las siguientes opciones indica los puntos en que el generador no produce corriente?
   - **A** a y b
   - **B** b y d
   - **C** c y d
   - **D** a y e

2. ¿Entre qué puntos aumenta la corriente?
   - **F** entre a y b
   - **G** entre b y c
   - **H** entre c y e
   - **I** entre b y d

3. ¿En qué puntos se produce la misma cantidad de corriente pero se invierte la dirección?
   - **A** a y b
   - **B** b y d
   - **C** a y c
   - **D** b y e

MATEMÁTICAS

Lee las siguientes preguntas y escoge la mejor respuesta.

1. Para hallar el voltaje de la bobina secundaria de un transformador, debe multiplicarse el voltaje de la bobina primaria por la cantidad de lazos de la bobina secundaria y dividirlo luego por la cantidad de lazos de la bobina primaria. La bobina primaria de determinado transformador tiene 1,000 lazos y un voltaje de 1,200 V. ¿Cuál es el voltaje de la bobina secundaria si ésta tiene 2,000 lazos?
   - **A** 600 V
   - **B** 1,000 V
   - **C** 2,400 V
   - **D** 2,400,000 V

2. Laura cortó una cinta magnética en tres. Después, cortó cada tercio en mitades. ¿Cuántos imanes pequeños obtuvo?
   - **F** 1.5
   - **G** 3
   - **H** 5
   - **I** 6

3. La Sra. Welch debe ordenar unos imanes para la clase de ciencias. En la clase hay 24 estudiantes que trabajan en parejas. Cada pareja de laboratorio necesita tres imanes para el experimento. Si la Sra. Welch pide paquetes de seis imanes a $5.00 el paquete, ¿cuál es el costo de su pedido?
   - **A** $2.50
   - **B** $30.00
   - **C** $60.00
   - **D** $120.00

4. Un imán de disco tiene 0.5 cm de espesor y 2.5 cm de diámetro. ¿Cuál de las siguientes ecuaciones debe usarse para calcular el volumen del imán en centímetros cúbicos (cm^3)?
   - **F** $V = \pi(2.5)^2 \times 0.5$
   - **G** $V = \pi(2.5/2)^2 \times 0.5$
   - **H** $V = \pi(0.5)^2 \times 2.5$
   - **I** $V = \pi(0.5/2)^2 \times 2.5$

La ciencia en acción

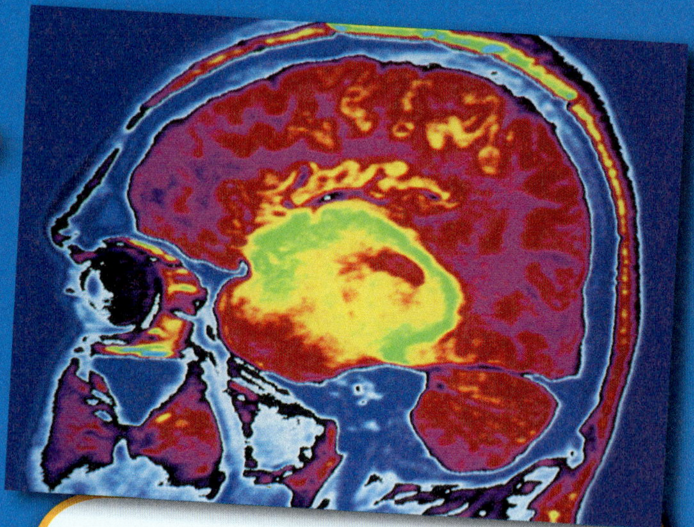

Ciencia, tecnología y sociedad

Los imanes en la medicina

Al igual que los rayos X, las imágenes por resonancia magnética crean imágenes de los órganos internos y del esqueleto de una persona. Pero la resonancia magnética crea imágenes más nítidas que los rayos X y no expone al cuerpo a la radiación, posiblemente dañina, proveniente de los rayos X. En cambio, la resonancia magnética usa electroimanes y ondas de radio potentes para crear imágenes. La resonancia magnética permite a los médicos detectar tumores pequeños, observar cambios sutiles del cerebro, localizar obstrucciones de los vasos sanguíneos y apreciar daños en la médula espinal.

ACTIVIDAD de artes del lenguaje

DESTREZA DE REDACCIÓN Escribe un cuento de dos páginas acerca de un estudiante que debe hacerse un examen de resonancia magnética. En el cuento, incluye la razón por la que el estudiante debe realizarse la resonancia, una descripción del procedimiento y los datos que el médico puede determinar al mirar la imagen.

Curiosidades de la ciencia

Tormentas geomagnéticas

El 13 de marzo de 1989 una tormenta geomagnética azotó Montreal (Québec). La tormenta provocó un corte de energía eléctrica que dejó a casi 6 millones de personas sin electricidad durante nueve horas.

Las tormentas geomagnéticas ocurren cuando las ráfagas de viento solar chocan contra el campo magnético de la Tierra. Las fuertes erupciones volcánicas del Sol, llamadas eyecciones de la masa coronal, ocurren periódicamente y expulsan partículas con carga a grandes velocidades. Los vientos solares suelen viajar entre los 300 km/s y los 600 km/s. Pero las ráfagas de viento solar de una eyección de la masa coronal pueden llegar a los 2,000 km/s.

ACTIVIDAD de matemáticas

La Tierra está a unos 150,000,000 km del Sol. Calcula cuánto tarda en llegar desde el Sol a la Tierra un viento solar que viaja a 500 km/s.

Protagonistas de las ciencias

James Clerk Maxwell

Matemáticas magnéticas James Clerk Maxwell fue un matemático escocés del siglo XIX. Sus investigaciones permitieron avances en el electromagnetismo y en muchas otras esferas de la ciencia. Maxwell sostuvo que la luz es una onda electromagnética, es decir, una onda formada por campos magnéticos y eléctricos que vibran formando ángulos rectos entre sí. Su trabajo sobre los campos electromagnéticos fue la base de la teoría de la relatividad de Einstein.

Después de graduarse en la universidad, Maxwell decidió estudiar la obra de Michael Faraday. Muchos físicos de la época pensaban que el trabajo de Faraday no era lo suficientemente científico, ya que Faraday describía los experimentos pero no aplicaba ninguna teoría científica ni matemática a los resultados. A Maxwell esto le pareció una ventaja. Así fue como decidió no leer ninguna descripción matemática de la electricidad ni del magnetismo hasta no haber terminado de estudiar la obra completa de Faraday. El primer artículo sobre la electricidad que escribió Maxwell se llamó "Acerca de las líneas de fuerza de Faraday" y unía los resultados experimentales de Faraday con el análisis matemático del campo magnético que rodea a una corriente. El artículo incluía algunas ecuaciones matemáticas sencillas que describían la interacción entre los campos magnéticos y los eléctricos. Maxwell siguió trabajando con los resultados de Faraday y publicando trabajos que daban explicaciones científicas a algunas de las observaciones más interesantes de Faraday.

Actividad de estudios sociales

Estudia la vida de James Clerk Maxwell. Haz una cronología con los sucesos más importantes de su vida. Incluye tres o cuatro sucesos históricos que ocurrieron durante la vida de Maxwell.

go.hrw.com

Para aprender más sobre los temas de "La ciencia en acción", visita go.hrw.com y escribe la palabra clave HP5EMGF. (Disponible sólo en inglés)

Ciencia actual

Visita go.hrw.com y consulta los artículos de Ciencia actual *(Current Science®)* **relacionados con este capítulo. Sólo escribe la palabra clave HP5CS18.** (Disponible sólo en inglés)

3

Tecnología electrónica

Acerca de la FOTO

¿Puedes ver la expresión de la cara de Kismet? La expresión de este robot puede ser de tristeza, alegría, enojo, interés, sorpresa, asco o simplemente de calma. Kismet fue diseñado por investigadores del Instituto Tecnológico de Massachusetts (MIT) para interactuar con los seres humanos. Los aparatos electrónicos de las cámaras, los motores y las computadoras le permiten a Kismet cambiar de expresión a medida que responde a su entorno.

ACTIVIDAD PARA ANTES DE LEER

NOTAS PLEGADAS

Cuadernillo Antes de leer el capítulo, prepara las notas plegadas en forma de "Cuadernillo", tal y como se explica en la sección **Destrezas de estudio** del Apéndice. Titula cada página del cuadernillo con una idea principal del capítulo. Mientras lees el capítulo, escribe lo que aprendas sobre cada idea principal de la página correspondiente del cuadernillo.

ACTIVIDAD INICIAL

Hablar a larga distancia

En esta actividad, harás un modelo de un teléfono.

Procedimiento

1. Mete el extremo de un **cordel** en el agujero de la base de una **lata de alimentos vacía.**
2. Haz un nudo en el extremo del cordel dentro de la lata. El nudo debe ser lo bastante grande como para que el cordel no se salga. El resto del cordel debe salir por la base de la lata.
3. Repite los pasos 1 y 2 con el otro extremo del cordel y **otra lata.**
4. Sostén una lata y pídele a un compañero que sostenga la otra. Aléjense hasta que el cordel esté bastante tirante.
5. Habla dentro de la lata mientras tu compañero sostiene la otra lata cerca de la oreja. Intercambien los roles.

Análisis

1. Describe lo que escuchaste.
2. Compara tu modelo con un teléfono verdadero.
3. ¿Cómo se transmiten las señales de un extremo al otro del cordel?
4. ¿Por qué crees que era importante que el cordel estuviera tirante?

SECCIÓN 1

Aparatos electrónicos

Los aparatos electrónicos usan energía eléctrica, pero no la usan del mismo modo que las máquinas.

Algunas máquinas transforman la energía eléctrica en otras formas de energía para realizar un trabajo. Los aparatos electrónicos usan la energía eléctrica para manejar información.

Dentro de un aparato electrónico

Por ejemplo, un control remoto envía información al televisor. La **figura 1** muestra el interior de un control remoto. La placa grande y verde es un cuadro del circuito. Un **cuadro del circuito** está formado por muchas partes de circuitos colocadas en una lámina de material aislante. Un cuadro del circuito conecta las partes del circuito para suministrar corriente eléctrica y enviar señales a las partes de un aparato electrónico.

Enviar información al televisor

Para cambiar de canal o para subir o bajar el volumen del televisor, presionas los botones del control remoto. Cuando presionas un botón, envías una señal al cuadro del circuito. Los componentes del cuadro del circuito procesan la señal para enviar la información correcta al televisor. La información se envía al televisor en forma de luz infrarroja desde un pequeño foco llamado *diodo emisor de luz* o LED (por su nombre en inglés). En esta sección, aprenderás sobre los diodos y otros componentes, así como también sobre cómo funcionan.

PREPARACIÓN PARA LA LECTURA

Objetivos

- Identifica la función de un cuadro del circuito de un aparato electrónico.
- Describe los semiconductores y cómo puede cambiarse su conductividad.
- Describe los diodos y cómo se usan en los circuitos.
- Describe los transistores y cómo se usan en los circuitos.
- Explica la influencia de los circuitos integrados en la tecnología electrónica.

Términos clave

cuadro del circuito
semiconductor
adulteración
diodo
transistor
circuito integrado

ESTRATEGIA DE LECTURA

Organizador de lectura Mientras lees esta sección, haz un mapa de conceptos con los términos de la lista anterior.

cuadro del circuito una lámina de material aislante que lleva elementos del circuito y que se inserta en un aparato electrónico

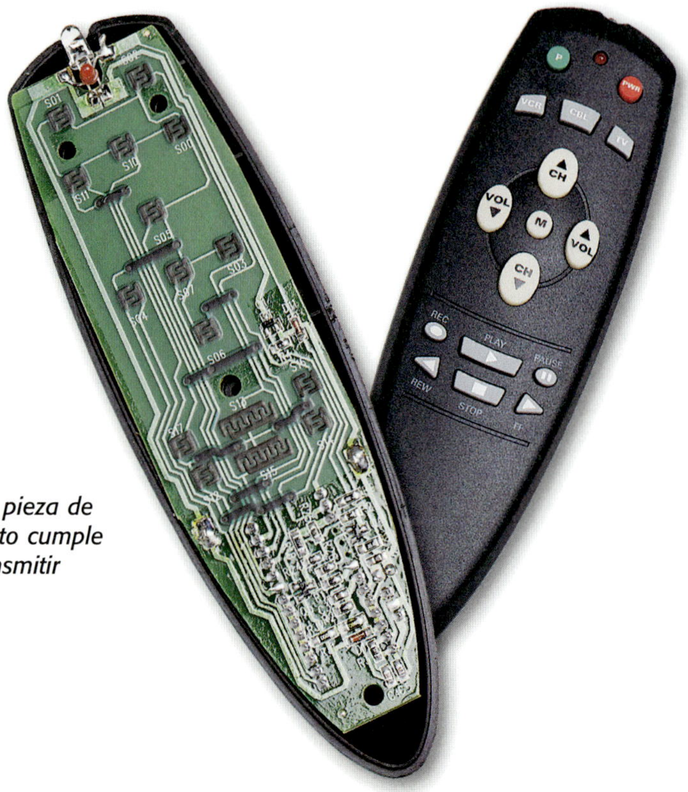

Figura 1 *Cada pieza de un control remoto cumple un papel al transmitir información.*

Semiconductores

Los semiconductores se usan en muchos componentes electrónicos. Un **semiconductor** es una sustancia que conduce una corriente eléctrica mejor que un aislante, pero no tan bien como un conductor. Los semiconductores han permitido a los seres humanos hacer avances increíbles en el campo de la tecnología electrónica.

¿Cómo funcionan los semiconductores?

El modo en que un semiconductor conduce la corriente eléctrica depende de la disposición de sus electrones. El silicio (Si) es un semiconductor muy usado. Como se muestra en la **figura 2,** cuando los átomos de silicio forman un enlace, comparten todos los electrones de valencia. No quedan electrones libres para formar una gran corriente eléctrica. Entonces, ¿por qué se usan los semiconductores como el silicio? Porque es posible modificar su conductividad.

Figura 2 *Cada átomo de silicio comparte los cuatro electrones de valencia con otros átomos de silicio.*

Adulteración

La conductividad de un semiconductor puede modificarse por medio de la adulteración. La **adulteración** consiste en añadir un elemento impuro a un semiconductor. La adición de una impureza cambia la disposición de los electrones. Algunos átomos del semiconductor son reemplazados por átomos de otro elemento que tiene una cantidad de electrones distinta, como se muestra en la **figura 3.**

Comprensión de lectura **¿Qué ocurre al adulterar un semiconductor?** (*Consulta en el Apéndice las respuestas de comprensión de lectura.*)

semiconductor un elemento o compuesto que conduce la corriente eléctrica mejor que un aislante, pero no tan bien como un conductor

adulteración la adición de un elemento impuro a un semiconductor

Figura 3 **Tipos de semiconductores adulterados**

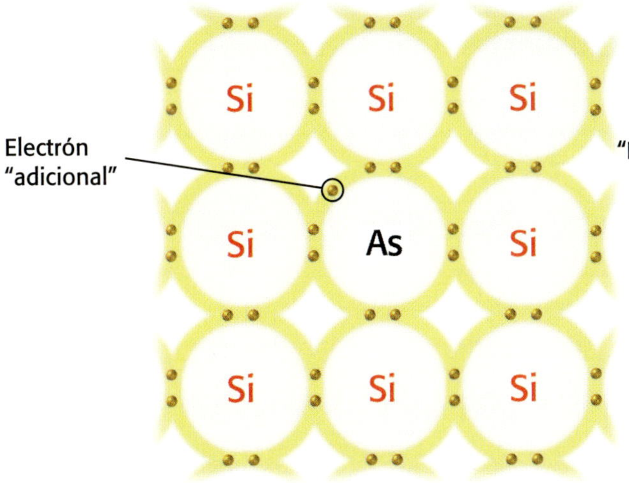

Semiconductor tipo n Un átomo de arsénico (As) tiene cinco electrones en el nivel de energía más externo. Al reemplazar un átomo de silicio con uno de arsénico se obtiene un electrón "adicional".

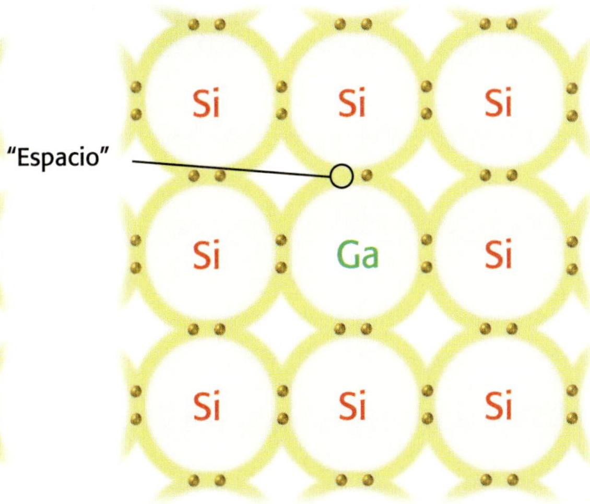

Semiconductor tipo p Un átomo de galio (Ga) tiene tres electrones en el nivel de energía más externo. Al reemplazar un átomo de silicio con uno de galio se obtiene un "espacio" en el lugar donde iría un electrón.

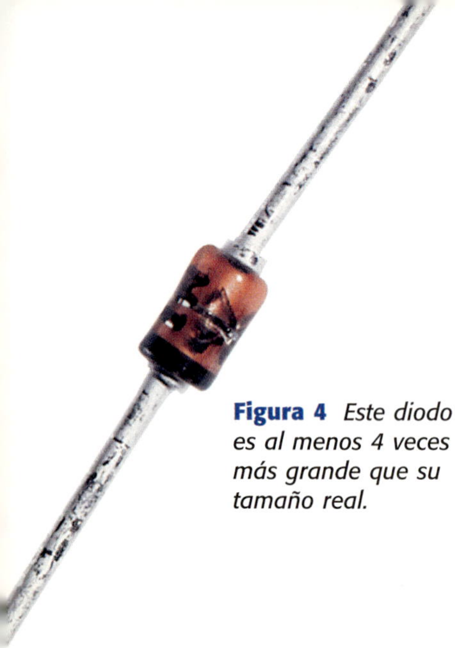

Figura 4 *Este diodo es al menos 4 veces más grande que su tamaño real.*

Diodos

Para formar componentes electrónicos, pueden unirse capas de semiconductores como en un sándwich. La unión de un semiconductor tipo n con un semiconductor tipo p forma un diodo. Un **diodo** es un componente electrónico que permite que la carga eléctrica se mueva principalmente en una dirección. Observa la **figura 4.** Cada cable se une a una de las capas del diodo.

diodo un aparato electrónico que permite que la corriente eléctrica pase más fácilmente en una dirección que en otra

El flujo de electrones en los diodos

Cuando se unen las dos capas de un diodo, algunos electrones "adicionales" se mueven desde la capa tipo n para llenar los "espacios" en la capa tipo p. Esto hace que la capa tipo n se cargue positivamente y que la capa tipo p se cargue negativamente. Si el diodo está conectado a una fuente de energía eléctrica, como una pila, de modo tal que la terminal positiva se encuentre más cerca de la capa tipo p, entonces se genera una corriente. Si se intercambian las conexiones de manera tal que la terminal negativa esté más cerca de la capa tipo p, entonces no se genera ninguna corriente. La **figura 5** muestra cómo funciona un diodo.

Usar los diodos para convertir la CA en CC

Las centrales eléctricas envían energía eléctrica a los hogares por medio de la corriente alterna (CA). Pero muchos objetos, como los radios, funcionan con corriente continua (CC). Los diodos ayudan a convertir la CA en CC. La corriente alterna cambia de dirección varias veces por segundo. Los diodos de un adaptador de CA bloquean la corriente en una dirección. Otros componentes regulan la corriente en la otra dirección. Como resultado, la CA se convierte en CC.

✓ Comprensión de lectura **¿Por qué un diodo puede convertir la CA en CC?**

Figura 5 Cómo funciona un diodo

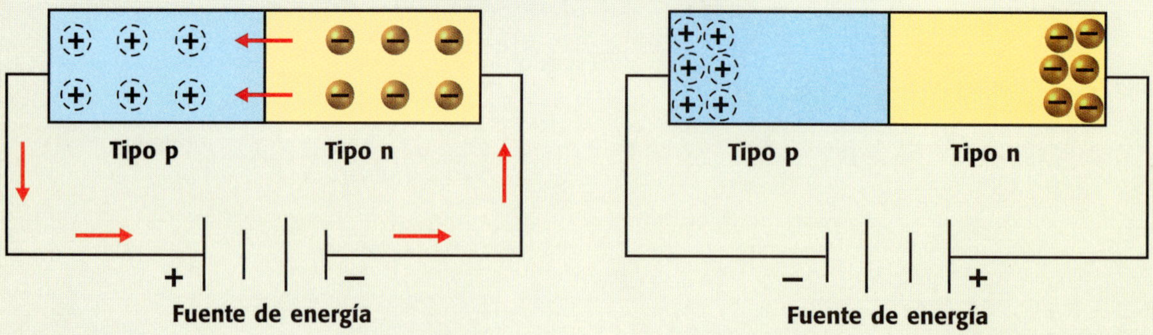

a Los electrones se mueven desde la capa tipo p, con carga negativa, a la terminal positiva. Como resultado, los electrones de la capa tipo n pueden moverse para llenar los "espacios" que acaban de formarse en la capa tipo p y, así, generar una corriente.

b Cuando se voltea la pila, la terminal negativa repele los electrones de la capa tipo p, con carga negativa. Como resultado, no se forman "espacios" y no se mueve ningún electrón desde la capa tipo n a la capa tipo p. Por lo tanto, no se genera una corriente.

Transistores

¿Qué obtienes al superponer tres capas de semiconductores? ¡Un transistor! Un **transistor** es un componente electrónico que amplifica, o aumenta, la corriente y que se usa en distintos circuitos, como en un amplificador o en un interruptor. Los transistores pueden ser NPN o PNP. Los transistores NPN tienen una capa tipo p entre dos capas tipo n, mientras que los transistores PNP tienen una capa tipo n entre dos capas tipo p. Observa la **figura 6.** Cada alambre se une a una de las capas del transistor.

Comprensión de lectura **Nombra dos tipos de transistores formados por semiconductores.**

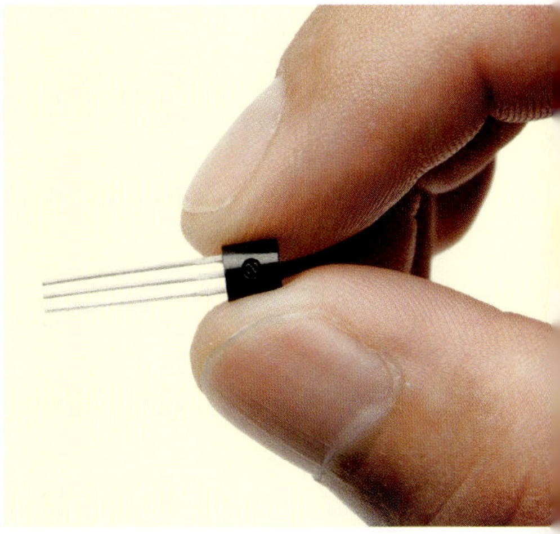

Figura 6 *¡Este transistor es más pequeño que una goma de borrar!*

Los transistores como amplificadores

Un micrófono no genera una corriente lo bastante grande como para hacer funcionar una bocina. Pero si se usa un transistor en un amplificador, se forma una corriente mayor. Observa la **figura 7.** El circuito tiene una corriente eléctrica pequeña en el micrófono. Esta corriente activa el transistor para que forme una corriente más grande en la bocina. La corriente eléctrica es mayor debido a una gran fuente de energía eléctrica en el lado del circuito correspondiente a la bocina.

transistor un aparato semiconductor que amplifica la corriente y se usa en los amplificadores, osciladores e interruptores

Figura 7 Un transistor como amplificador

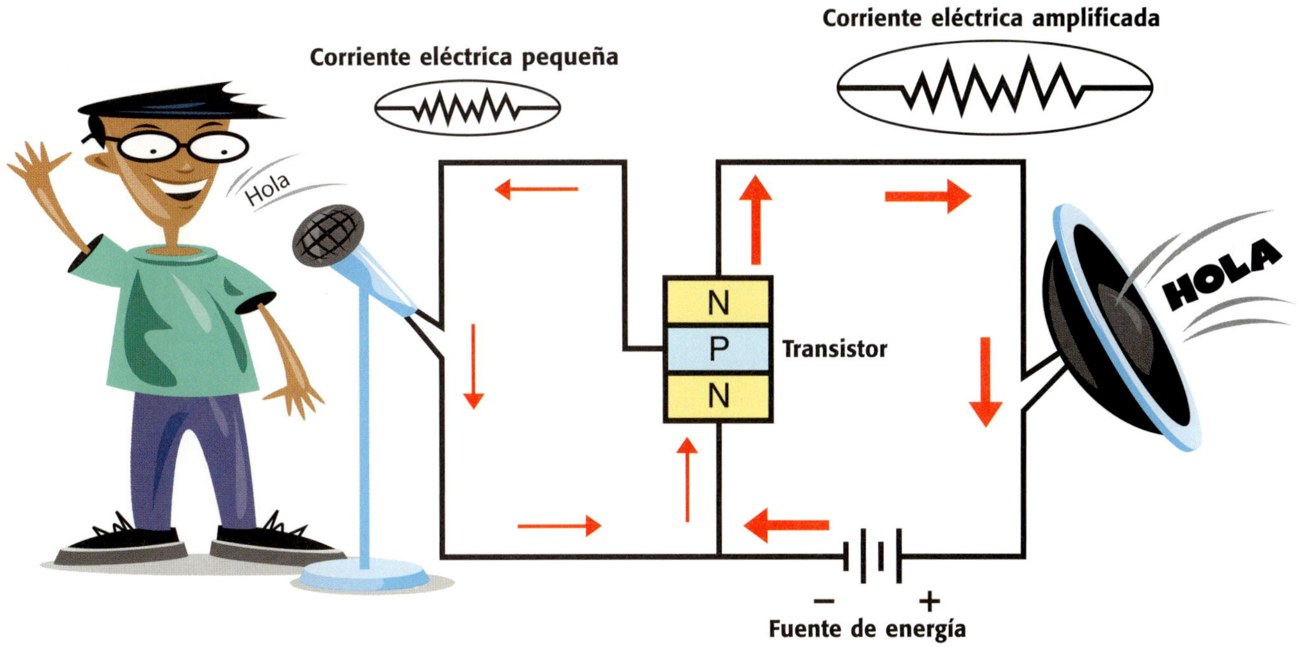

1 Las ondas sonoras de tu voz entran en el micrófono. Como resultado, se forma una corriente eléctrica pequeña en el lado del circuito correspondiente al micrófono.

2 Un transistor permite que la corriente eléctrica pequeña controle una corriente eléctrica mayor que hace funcionar la bocina.

3 La corriente de la bocina es mayor que la corriente que produce el micrófono. De otro modo, las dos corrientes serían idénticas.

Figura 8 Un transistor como interruptor

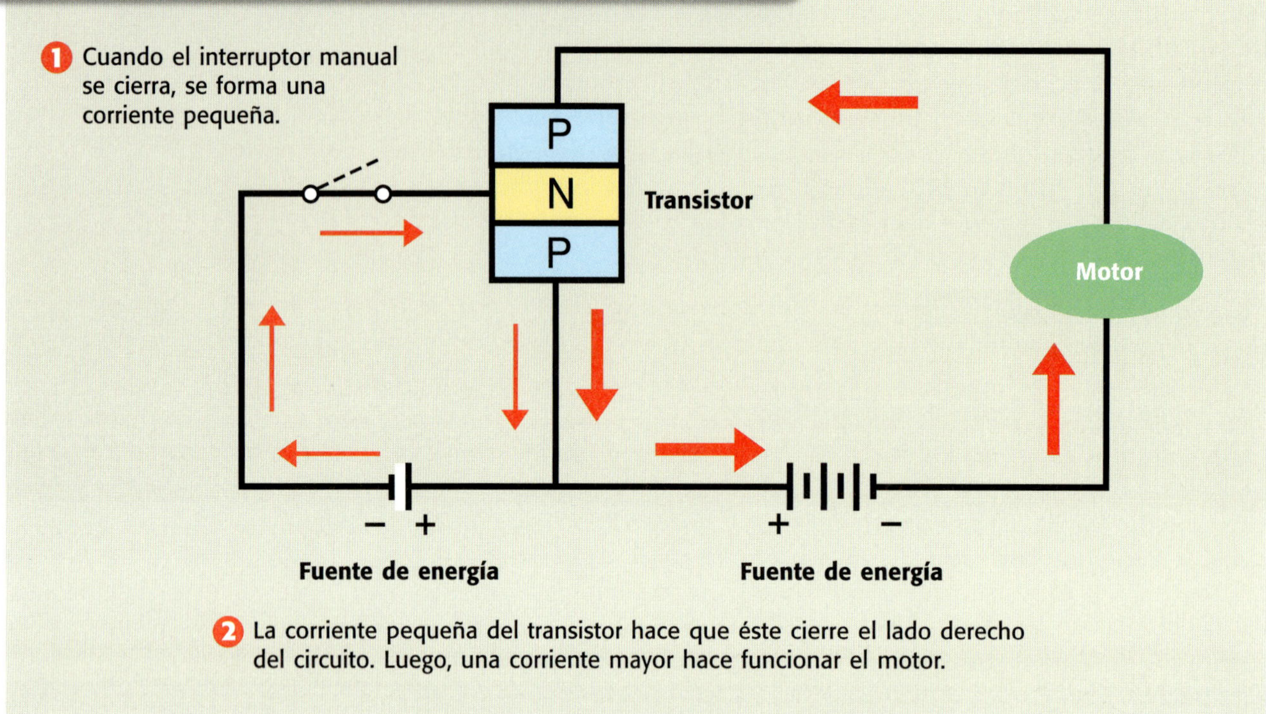

Los transistores de los interruptores

Los autos de juguete a control remoto usan transistores en los interruptores. Observa la **figura 8.** Cuando se cierra el interruptor manual del circuito, se forma una corriente en el lazo pequeño. La corriente hace que el transistor cierre el lazo más grande a la derecha. Como resultado, se forma una corriente mayor en el lazo más grande. La corriente mayor hace funcionar el motor. Tú inicias una corriente pequeña y el transistor inicia una corriente mayor. Si el interruptor manual se abre, el circuito se rompe. Como resultado, el transistor detiene la corriente que hace funcionar el motor. Las computadoras también usan transistores que funcionan en los interruptores.

circuito integrado un circuito cuyos componentes están formados en un solo semiconductor

Circuitos integrados

Un **circuito integrado** es un circuito entero que tiene muchos componentes en un mismo semiconductor. Las piezas del circuito se forman al adulterar con cuidado algunos puntos. Observa la **figura 9.** Los circuitos integrados y los cuadros del circuito han reducido el tamaño de los aparatos electrónicos. Muchos circuitos completos caben en un solo circuito integrado. Por eso, los sistemas electrónicos complicados son muy pequeños. Como los circuitos son tan pequeños, las cargas eléctricas que se mueven en ellos no tienen que viajar grandes distancias. Los aparatos que usan circuitos integrados pueden funcionar a velocidades muy altas.

Figura 9 *Este circuito integrado tiene muchos componentes electrónicos. Sin embargo, ¡su tamaño es de sólo 1 cm × 3 cm aproximadamente!*

✓ Comprensión de lectura **Describe dos ventajas del uso de los circuitos integrados en los aparatos electrónicos.**

Aparatos más pequeños y más inteligentes

Antes de que se crearan los diodos semiconductores y los transistores, se usaban tubos de vacío como el de la **figura 10.** Los tubos de vacío amplifican la corriente eléctrica y convierten la CA en CC. Pero los tubos de vacío son mucho más grandes que los semiconductores; además, se calientan más y duran menos. Los primeros radios tuvieron que ser grandes porque se necesitaba espacio para los tubos de vacío y para evitar que se recalentaran. Los radios modernos, en cambio, son muy pequeños porque usan transistores y circuitos integrados. Es probable que tu radio también tenga otras funciones, como un reloj o un reproductor de discos compactos. Pero lo más importante de los circuitos integrados, más allá de que te permitan despertarte con tu música preferida, es que cambiaron el mundo cuando comenzaron a usarse en las computadoras.

Figura 10 *Los tubos de vacío son mucho más grandes que los transistores que se usan hoy en día. Por eso, los radios que funcionaban con esos tubos eran más grandes también.*

REPASO DE LA sección

Resumen

- Los cuadros del circuito contienen circuitos que proporcionan corriente a las distintas partes de los aparatos electrónicos.
- Los semiconductores suelen usarse en los aparatos electrónicos porque su conductividad puede cambiarse por medio de la adulteración.
- Los diodos permiten el flujo de corriente en una dirección y convierten la CA en CC.
- Los transistores se usan en los amplificadores y en los interruptores.
- Los circuitos integrados permitieron la existencia de aparatos electrónicos más pequeños e inteligentes.

Usar términos clave

Explica la diferencia entre los siguientes pares de términos.

1. *cuadro del circuito* y *circuito integrado*
2. *semiconductor* y *adulteración*
3. *diodo* y *transistor*

Comprender las ideas principales

4. ¿Qué elemento forma la base de los semiconductores?
   a. el oxígeno
   b. el galio
   c. el arsénico
   d. el silicio
5. Describe cómo se hacen los semiconductores tipo p y tipo n.
6. Explica cómo un diodo convierte la CA en CC.
7. ¿Cuáles son dos de los propósitos de los transistores?

Destrezas matemáticas

8. Un circuito integrado fabricado en 1974 contenía 6,000 transistores, mientras que uno fabricado en el año 2000 contenía 42,000,000 de transistores. ¿Cuántas veces más transistores tenía el circuito fabricado en el año 2000?

Razonamiento crítico

9. **Comparar** ¿Qué diferencia hay entre un sistema electrónico que usa tubos de vacío y uno que usa circuitos integrados?
10. **Aplicar conceptos** ¿Existirían las computadoras modernas sin los circuitos integrados? Explica tu respuesta.

Interpretar gráficas

11. La siguiente gráfica representa la corriente eléctrica de un circuito en serie. ¿Contiene este circuito un diodo? Explica tu razonamiento.

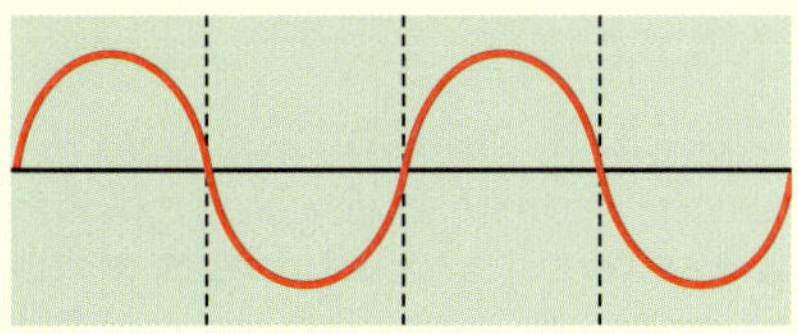

SCILINKS. NSTA
Desarrollo y mantenimiento a cargo de la Asociación Nacional de Maestros de Ciencias

Para ver diversos enlaces relacionados con este capítulo, visita www.scilinks.org
Tema*: Transistores
Código de SciLinks: HSM1550

*(Sólo en inglés)

SECCIÓN 2

Tecnología de la comunicación

Piensa en qué aparatos electrónicos usas para enviar o recibir información. Es probable que menciones los teléfonos, los radios o los televisores.

En esta sección, estudiarás éstos y otros aparatos electrónicos que usamos para comunicarnos. También aprenderás sobre dos tipos de señales que se usan para enviar y almacenar información.

PREPARACIÓN PARA LA LECTURA

Objetivos

- Identifica cómo las señales transmiten información.
- Describe las señales análogas y su uso en los teléfonos y los discos.
- Describe las señales digitales y su uso en los discos compactos.
- Describe cómo se transmite y recibe la información en los radios y en los televisores.

Términos clave

señal análoga
señal digital

ESTRATEGIA DE LECTURA

Comentar Lee esta sección en silencio. Escribe las preguntas que tengas sobre la sección y coméntalas en un grupo pequeño.

Comunicarse con señales

Uno de los primeros aparatos electrónicos de comunicación fue el telégrafo. Inventado en la década de 1830, el telégrafo usaba una corriente eléctrica para enviar mensajes entre lugares que estaban conectados por cables. Las personas enviaban mensajes en código Morse a través de los cables. La **tabla 1** muestra el código de puntos y guiones que reemplaza a cada letra y número en el código Morse. El mensaje se enviaba al presionar la tecla de un telégrafo, como la de la **figura 1.** Los golpes de las teclas cerraban un circuito y hacían unos "clics" en el extremo del telégrafo que recibía el mensaje.

Señales y portadoras

Los aparatos electrónicos de comunicación, como el telégrafo, envían información por medio de señales. Una *señal* es algo que se usa para enviar información, como un movimiento, un sonido o un conjunto de números o de letras. Una señal suele enviarse por medio de otra señal llamada *portadora.* La corriente eléctrica es la portadora de las señales que se forman al presionar la tecla de un telégrafo. Las señales análogas y las señales digitales son dos tipos de señales.

Figura 1 *Al presionar esta tecla de telégrafo combinando correctamente los golpes cortos (puntos) con los largos (guiones), se podían enviar mensajes a través de largas distancias.*

Tabla 1 Código Morse internacional

A	•–	G	––•	Q	––•–	1	•––––
B	–•••	H	••••	R	•–•	2	••–––
C	–•–•	I	••	S	•••	3	•••––
D	–••	J	•–––	T	–	4	••••–
E	•	K	–•–	U	••–	5	•••••
F	••–•	L	•–••	V	•••–	6	–••••
		M	––	W	•––	7	––•••
		N	–•	X	–••–	8	–––••
		O	–––	Y	–•––	9	––––•
		P	•––•	Z	––••	0	–––––

Señales análogas

Una **señal análoga** es una señal cuyas propiedades cambian sin que haya una separación o salto entre valores. Piensa en el potenciómetro de luz que te permite cambiar la intensidad de la luz continuamente.

Los cambios de una señal análoga se basan en los cambios en la información original. Por ejemplo, cuando hablas por teléfono, el sonido de tu voz se convierte en una corriente eléctrica cambiante con forma de onda. Esta onda es una señal análoga similar a la onda sonora original. ¡Pero recuerda que las ondas sonoras no viajan por la línea telefónica!

Comprensión de lectura **¿Qué es una señal análoga?** (*Consulta en el Apéndice las respuestas de comprensión de lectura.*)

Hablar por teléfono

Observa el teléfono de la **figura 2.** Se habla por el transmisor y se escucha por el receptor. El transmisor convierte en una señal análoga las ondas sonoras que se producen cuando hablas. Esta señal viaja por los cables de teléfono hasta el receptor de otro teléfono. El receptor convierte la señal análoga en el sonido de tu voz. A veces, las señales análogas se convierten en señales digitales y nuevamente en análogas antes de llegar a la otra persona. Más adelante en esta sección, aprenderás sobre las señales digitales.

señal análoga una señal cuyas propiedades cambian continuamente en un rango determinado

CONEXIÓN CON la geología

Sismogramas Un *sismógrafo* es un aparato que usan los científicos para registrar las ondas que producen los terremotos. El sismógrafo crea un *sismograma,* es decir, unas líneas onduladas sobre un papel que registran los movimientos del suelo. Dibuja un ejemplo de un sismograma en el que muestres los cambios en la onda y explica por qué éste es un ejemplo de una señal análoga.

ACTIVIDAD

Figura 2 **Cómo funciona un teléfono**

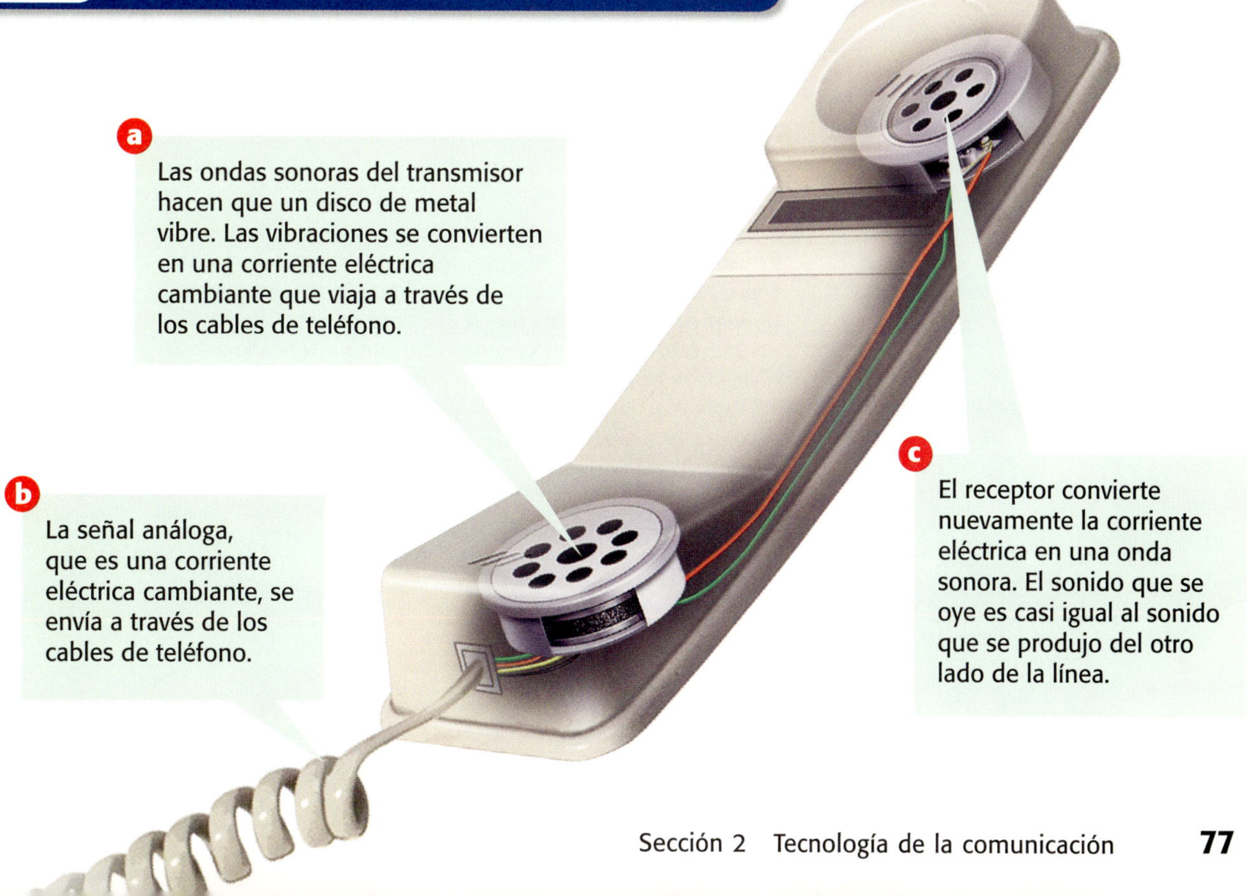

Grabación análoga

Si quieres guardar un sonido, puedes almacenar una señal análoga de la onda sonora. En los discos de vinilo, la señal se convierte en unos surcos sobre un disco de plástico. Las propiedades del sonido están representadas por la cantidad y la profundidad de las curvas del disco.

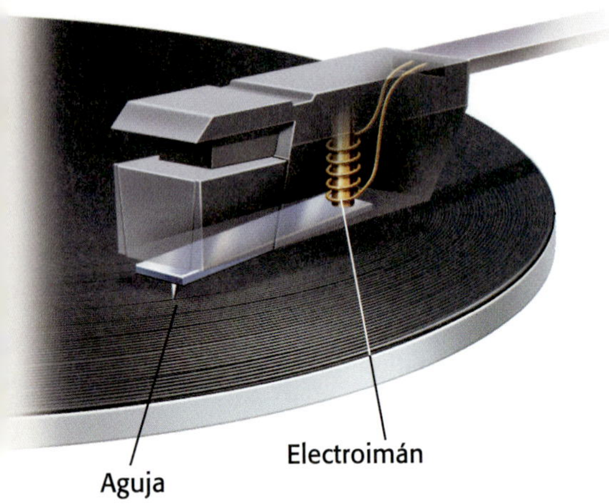

Figura 3 *A medida que la aguja se desliza por los surcos del disco, hace vibrar un electroimán.*

Reproducir un disco

En la **figura 3** se muestra la reproducción de un disco. La aguja hace vibrar un electroimán que induce la corriente eléctrica necesaria para producir el sonido. La grabación análoga reproduce un sonido que es muy similar al original. Sin embargo, a veces se graban sonidos indeseables que no son fáciles de eliminar. Por otra parte, como la aguja toca el disco para reproducirlo, el disco se gasta y el sonido cambia con el paso del tiempo.

Señales digitales

Una **señal digital** es una señal que se representa como una secuencia de valores separados. No cambia continuamente. Piensa en un interruptor de luz común. Puede estar en la posición de encendido o en la de apagado. La información de una señal digital está representada en números binarios. *Binario* significa "dos". Los números binarios están formados por dos dígitos solamente: el 1 y el 0. Cada dígito binario es un *bit.* Las computadoras procesan las señales digitales que tienen la forma de un patrón de pulsos eléctricos. Cada pulso representa un 1. Cada pulso omitido representa un 0.

señal digital una señal que se puede representar como una secuencia de valores discretos

Almacenamiento digital en un disco compacto

Es probable que hayas escuchado el sonido digital de un disco compacto. En un disco compacto, el sonido se graba por medio de una señal digital. Un disco compacto almacena las señales en una capa delgada de aluminio. Observa la **figura 4.** Para entender cómo se identifican los surcos y los sectores planos, recuerda que un disco compacto se lee desde abajo.

Figura 4 *Los surcos representan los 1 y los sectores planos representan los 0. Ambos forman una espiral muy cerrada que va desde el centro hacia el borde externo de un disco compacto. Almacenan información que un reproductor de discos compactos convierte en sonido.*

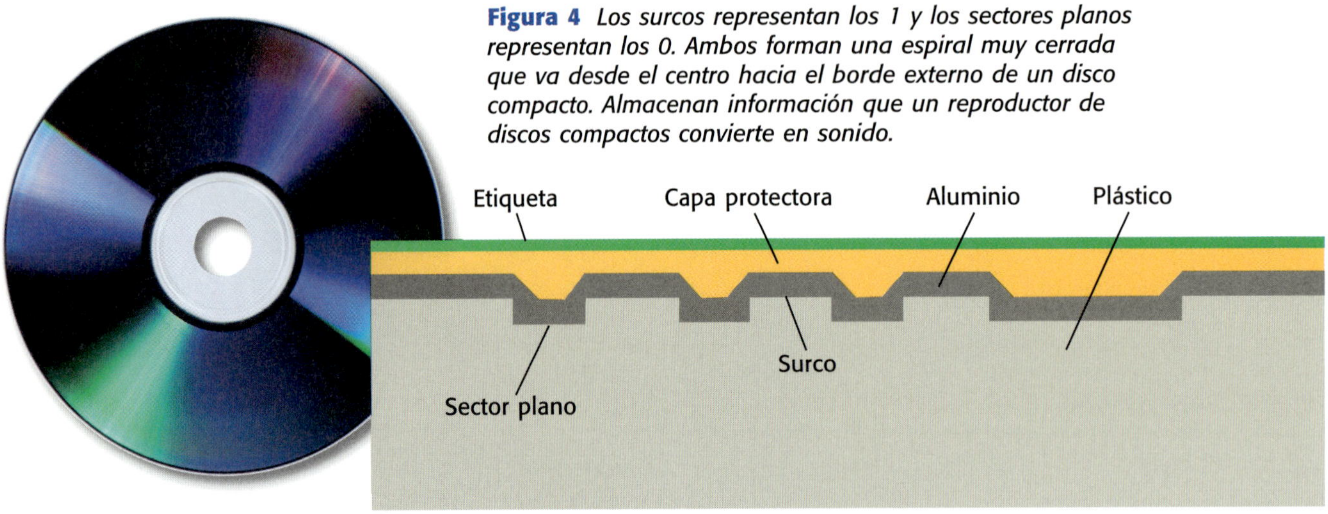

Grabación digital

En una grabación digital, la onda sonora se mide muchas veces por segundo. La **figura 5** muestra cómo estos valores de muestra representan el sonido original. Estos números después se convierten en valores binarios usando 1 y 0. Los 1 y los 0 se almacenan como surcos y sectores planos en un disco compacto.

En la grabación digital, los valores de muestra no se corresponden exactamente con la onda sonora original. Por lo tanto, la cantidad de muestras que se toman por segundo es importante para garantizar que la grabación suene como debe sonar. Si se toman más valores de muestra por segundo, el sonido digital es más similar al sonido original.

Comprensión de lectura **¿Cómo se logra que el sonido de una grabación digital sea más similar al sonido original?**

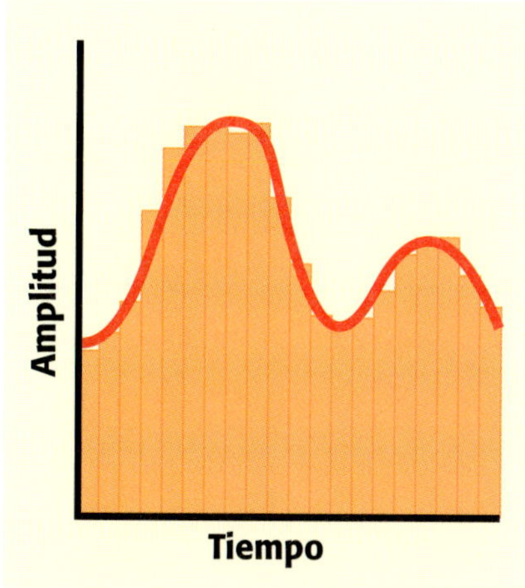

Figura 5 *Cada una de las barras representa una muestra digital de la onda sonora.*

Reproducir un disco compacto

En un reproductor de discos compactos, el disco gira mientras un láser lo ilumina desde abajo. Como se muestra en la **figura 6,** la luz que refleja el disco compacto ingresa en un detector. El detector convierte los patrones de luz y de oscuridad en una señal digital. La señal digital se transforma en una señal análoga, que se usa para producir una onda sonora. Como sólo la luz toca el disco compacto, el disco no se gasta. Sin embargo, puede haber errores si se reproduce un disco sucio o rayado.

Figura 6 **Cómo funciona un reproductor de discos compactos**

Los distintos tamaños y secuencias de los surcos y de los sectores planos captan patrones numéricos diferentes que se convierten en distintos sonidos.

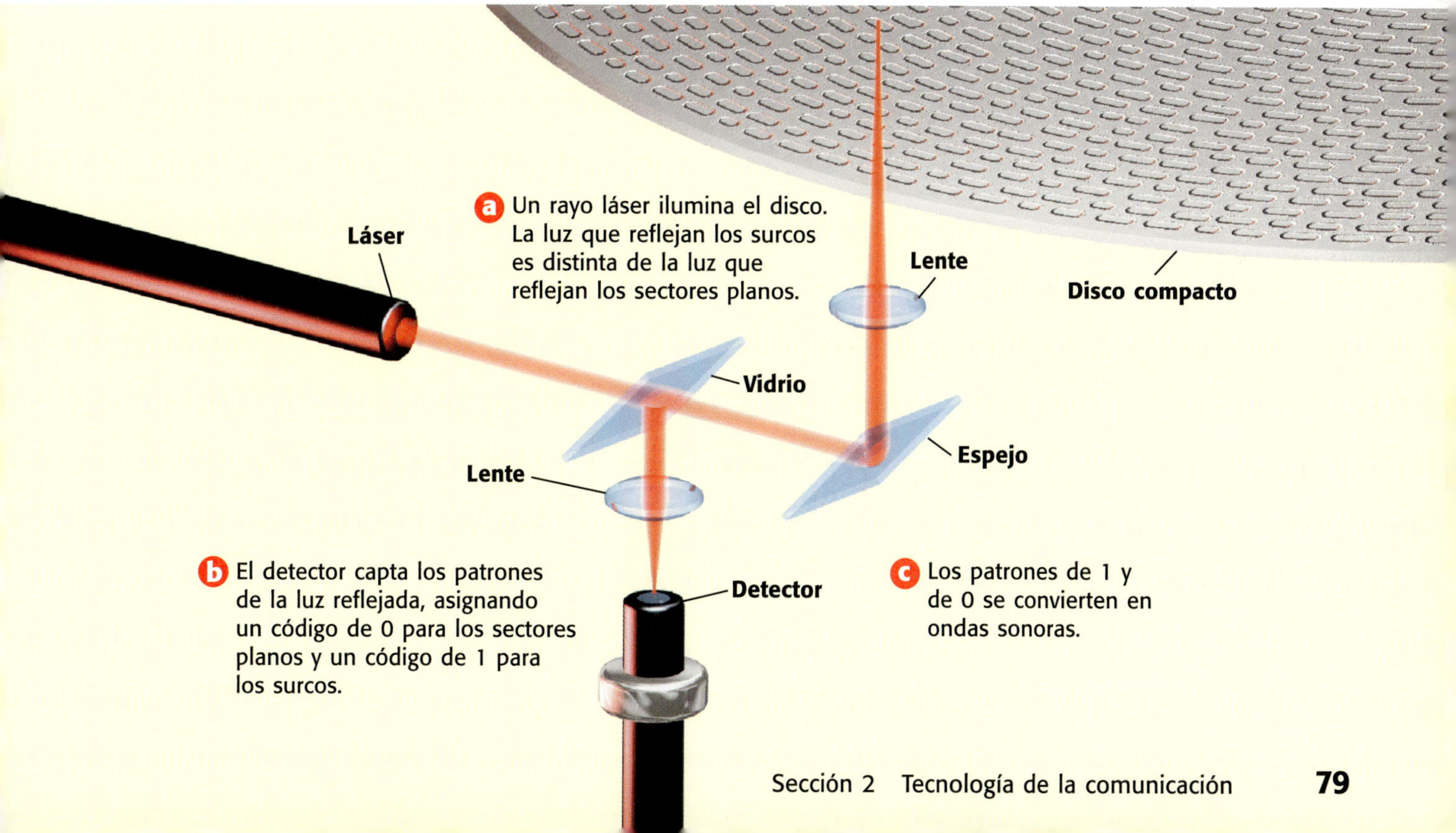

La radio y la televisión

Los programas de radio o de televisión que escuchas o que ves se transmiten desde una estación que puede encontrarse a varios kilómetros de distancia. Las señales de radio y de televisión pueden ser análogas o digitales. Una *onda electromagnética* (EM) es una onda formada por campos magnéticos y eléctricos cambiantes. Las ondas electromagnéticas se usan como portadoras.

ACTIVIDAD EN INTERNET

Para hacer otra actividad relacionada con este capítulo, visita **go.hrw.com** y escribe la palabra clave **HP5ELTW.** (Disponible sólo en inglés)

El radio

Las ondas de radio son un tipo de onda EM. Las estaciones de radio usan las ondas de radio para transportar las señales que representan el sonido. Observa la **figura 7.** Una torre de radio transmite las ondas de radio; éstas viajan por el aire y una antena de radio las capta.

Figura 7 **Cómo funciona un radio**

La televisión

Las imágenes que ves en el televisor están formadas por haces de electrones que chocan contra la pantalla, como se muestra en la **figura 8.** Las señales de video contienen la información para formar una imagen, mientras que las señales de audio contienen la información para formar el sonido. Estas señales se envían a tu televisor en forma de señales análogas o digitales. Las señales se transmiten usando ondas EM como portadoras y se envían a través de cables o desde los satélites o las torres de transmisión.

Cada vez hay más programas de televisión que son digitales. Esto significa que se filman con cámaras digitales y se transmiten a los hogares como señales digitales. Aunque es posible ver un programa digital en un televisor análogo, en una pantalla digital las imágenes y el sonido de esos programas son mucho más nítidos que en un televisor diseñado para transmisiones análogas.

Comprensión de lectura **¿Qué tipos de señales capta un televisor a color?**

ACTIVIDAD

La pantalla del televisor

En compañía de un adulto, observa la pantalla de un televisor con una lupa. ¿Cómo están dispuestos los materiales fluorescentes? Sostén la lupa a distintas distancias de la pantalla. ¿Qué efectos observas? ¿Cómo afecta la imagen cambiante de la pantalla lo que ves?

DE LA ESCUELA A CASA

Figura 8 **Las imágenes de un televisor a color**

1. La antena del televisor capta las señales de video transmitidas desde una estación de televisión.

2. Los circuitos electrónicos dividen la señal de video en señales distintas para cada uno de los tres haces de electrones. Los haces, uno por cada color primario de la luz (rojo, verde y azul), golpean la pantalla con distinta intensidad, según lo que determine la señal de video.

3. La pantalla tiene rayas o puntos de tres materiales fluorescentes. Estos materiales brillan cuando los electrones los golpean. Los haces de electrones golpean la pantalla 30 veces por segundo y activan los materiales fluorescentes. Éstos, a su vez, emiten una luz de color que se ve como una imagen.

Pantallas de plasma

Los televisores convencionales deben tener la suficiente profundidad como para que los haces de electrones lleguen a todos los puntos de la pantalla. Por lo tanto, los televisores son grandes y pesados. Hay un nuevo tipo de pantalla, la *pantalla de plasma,* que es mucho más delgada. Puede medir apenas 15 cm de espesor, ¡así que no es mucho más gruesa que un cuadro en la pared!

En la **figura 9** se muestra cómo funciona una pantalla de plasma. Estas pantallas no usan tubos de electrones, sino que tienen miles de diminutas celdas con gases en su interior. Una computadora carga las celdas, formando una corriente en los gases. La corriente genera luces de colores. Cada luz puede ser roja, verde, azul o una combinación de esos colores. Al igual que en un televisor convencional, esos tres colores se combinan para crear imágenes en la pantalla.

Comprensión de lectura **¿Por qué una pantalla de plasma es más delgada que un televisor convencional?**

Figura 9 **Cómo funciona una pantalla de plasma**

1. Un aparato con un sintonizador, como una videograbadora, capta las señales de video que transmite una estación de televisión. Después, las señales se envían a la pantalla de plasma.
2. La señal contiene las instrucciones para cargar los conductores en ambos lados de unas pequeñas cavidades de la pantalla. Los átomos de gas de las cavidades se cargan y forman un plasma.

3. Cada cavidad tiene uno de los tres materiales fluorescentes. Los materiales emiten una luz roja, azul o verde después de absorber la energía que emite el plasma.
4. La luz de color de cada grupo de tres cavidades se mezcla y forma un pequeño punto de luz en la imagen de la pantalla.

REPASO DE LA sección

Resumen

- Las señales transmiten información en los aparatos electrónicos. Las señales se transmiten mediante un portador y pueden ser análogas o digitales.
- Las señales análogas tienen valores continuos. Los teléfonos, los tocadiscos, los radios y los aparatos de televisión convencionales usan señales análogas.
- En un teléfono, un transmisor convierte las ondas sonoras en corriente eléctrica. La corriente se envía a través de una línea telefónica. El teléfono receptor vuelve a convertir la señal en una onda sonora.
- Las señales análogas de los sonidos se usan para hacer discos de vinilo. Los cambios en los surcos reflejan cambios en el sonido.
- Las señales digitales tienen valores discretos, como el 0 y el 1. Los reproductores de discos compactos usan señales digitales.
- Los aparatos de radio y de televisión usan ondas electromagnéticas. Estas ondas viajan a través de la atmósfera. En un radio, las señales se convierten en ondas sonoras. En un aparato de televisión, los haces de electrones convierten las señales en imágenes en la pantalla.

Usar los términos clave

1. Define los siguientes términos en tus propias palabras: *señal análoga* y *señal digital.*

Comprender las ideas principales

2. ¿Cuál de los siguientes objetos convierte las ondas sonoras en corriente eléctrica para transmitir información?
   a. el teléfono
   b. el radio
   c. el televisor
   d. el telégrafo
3. ¿Por qué se usan portadoras para transmitir las señales?
4. ¿Cuál fue uno de los primeros ejemplos de un aparato eléctrico que se usó para mandar información a larga distancia? ¿Cómo funcionaba ese aparato?

Razonamiento crítico

5. **Aplicar conceptos** ¿El código Morse es un ejemplo de una señal análoga o de una señal digital? Explica tu razonamiento.
6. **Comparar** Compara cómo transmiten información un teléfono y una torre de radio.
7. **Inferir** ¿Un termómetro de mercurio brinda información de manera análoga o de manera digital? Explica tu razonamiento.

Interpretar gráficas

8. Observa las siguientes gráficas. Representan una onda sonora que se está transformando en una señal digital. Cada barra representa una muestra digital de la onda sonora. ¿Qué gráfica representa la señal digital más parecida a la onda sonora original? Explica tu razonamiento.

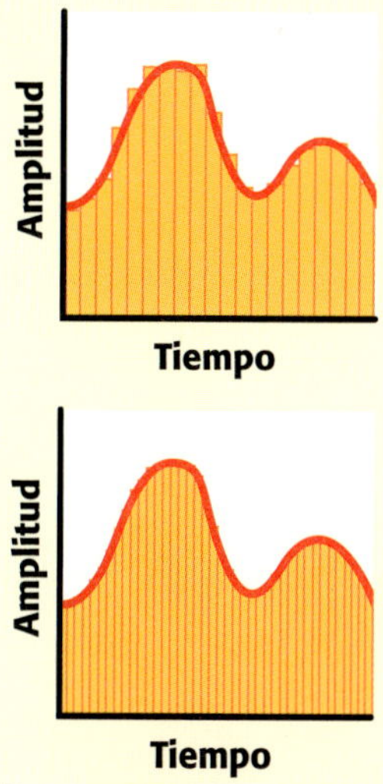

SCILINKS. NSTA Desarrollo y mantenimiento a cargo de la Asociación Nacional de Maestros de Ciencias

Para ver diversos enlaces relacionados con este capítulo, visita www.scilinks.org

Tema*: Tecnología de los teléfonos; Tecnología de los televisores

Código de SciLinks: HSM1499; HSM1501

*(Sólo en inglés)

SECCIÓN 3

Computadoras

¿Usaste una computadora para despertarte esta mañana?

PREPARACIÓN PARA LA LECTURA

Objetivos

- Enumera las funciones básicas de una computadora y describe su desarrollo.
- Identifica los componentes principales del hardware de una computadora.
- Explica cómo se almacena la información en los CD-R y en los CD-RW.
- Describe qué hace una computadora gracias al software.
- Describe las redes de computadoras.

Términos clave

computadora
microprocesador
hardware
software
Internet

ESTRATEGIA DE LECTURA

Guía de predicciones Antes de leer esta sección, escribe todos los encabezados. Luego, escribe debajo de cada uno lo que creas que vas a aprender.

Quizás creas que una computadora es algo que usas para enviar correo electrónico o para navegar por Internet. Pero las computadoras están a tu alrededor todo el tiempo. Están en los automóviles, en las videograbadoras y en los teléfonos. ¡Hasta el despertador es un ejemplo de una computadora simple!

¿Qué es una computadora?

Una **computadora** es un aparato electrónico que realiza tareas siguiendo las instrucciones que se le da. Una computadora hace una tarea cuando recibe una orden y tiene las instrucciones necesarias para llevarla a cabo. Las computadoras pueden hacer tareas muy rápido.

Funciones básicas

En la **figura 1** se muestran las funciones básicas de una computadora. La información que le das a una computadora se llama *entrada*. La computadora *procesa* la entrada. El procesamiento puede consistir en sumar una lista de números, hacer un dibujo o hasta mover un equipo. No es necesario procesar la entrada de inmediato; puede almacenarse hasta que sea necesaria. La computadora *almacena* información en la memoria. La *salida* es el resultado final del trabajo de una computadora.

✓ Comprensión de lectura **¿Cuáles son las funciones básicas de una computadora?** (*Consulta en el Apéndice las respuestas de comprensión de lectura.*)

Figura 1 **Funciones básicas de una computadora**

Las funciones de una computadora

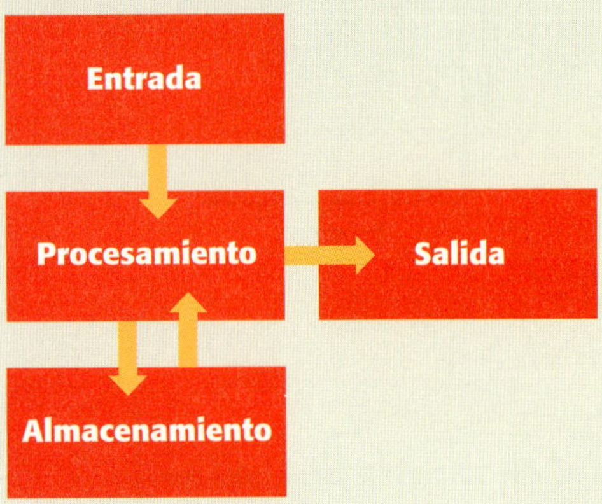

Un despertador como computadora

Entrada Pones la hora a la que debes despertarte.

Procesamiento El despertador compara la hora a la que debes despertarte con la hora actual.

Almacenamiento El despertador recuerda la hora a la que debes despertarte.

Salida Suena una alarma o música para despertarte.

Las primeras computadoras

Tu calculadora de bolsillo es una computadora simple. Sin embargo, las computadoras no siempre fueron tan pequeñas y sencillas de usar. ¡Las primeras computadoras eran enormes! Estaban formadas por grandes equipos que ocupaban toda una habitación. En la **figura 2** se muestra la primera computadora para uso general: la ENIAC. ENIAC quiere decir Computadora e Integrador Numérico Electrónico (por su nombre en inglés). La construyó el ejército estadounidense en 1946. La ENIAC estaba formada por miles de tubos de vacío. Por eso, había que enfriarla mientras estaba en uso. Además, costó mucho dinero hacerla y mantenerla en funcionamiento.

Figura 2 *La ENIAC era veloz para su época y podía sumar 5,000 números por segundo.*

Las computadoras modernas

Las computadoras modernas son mucho más pequeñas gracias a los circuitos integrados. Las computadoras actuales usan microprocesadores. Un **microprocesador** es un único chip que controla y ejecuta las instrucciones de una computadora. El primer microprocesador disponible para el público en general tenía sólo 4,800 transistores. Pero, hoy en día, los microprocesadores pueden tener más de 40 millones de transistores. ¡Ahora las computadoras son tan pequeñas que las podemos transportar como un libro!

computadora un aparato electrónico que acepta información e instrucciones, sigue instrucciones y produce una salida para los resultados

microprocesador un chip único de un semiconductor que controla y ejecuta las instrucciones de una microcomputadora

Comprensión de lectura ¿Qué es un microprocesador?

Experimento rápido

La rapidez de una computadora simple

1. Con un compañero, usa un **reloj** para medir el tiempo que cada uno tarda en resolver las siguientes ecuaciones a mano.
   a. (108 ÷ 9) + 231 − 19
   b. 1 × 2 × 3 × 4 × 5
   c. (4 × 6 × 8) ÷ 2
   d. 3 × (5 + 12) − 2
2. Repite el paso 1 con una **calculadora.**
3. ¿Qué método fue más rápido?
4. ¿Qué método fue más preciso?
5. ¿La calculadora siempre te dará el resultado correcto? Explica tu respuesta.

Hardware informático

hardware las partes o piezas de equipo que forman una computadora

Las distintas partes de una computadora realizan tareas diferentes. Las partes o piezas de equipo que forman una computadora se llaman **hardware.** A medida que leas sobre cada pieza, observa la **figura 3** y la **figura 4** para ver cómo es el hardware.

Dispositivos de entrada

Un *dispositivo de entrada* brinda información, o una entrada, a la computadora. Puedes ingresar información en la computadora mediante un teclado, un ratón, un escáner o un lápiz y un bloc de notas digitales. También puedes ingresar información con un micrófono.

Unidad central de procesamiento

Una computadora hace las tareas en la *unidad central de procesamiento,* o CPU. En una computadora personal, la CPU es un microprocesador. La entrada atraviesa la CPU para ser procesada de inmediato o para ser almacenada en la memoria. En la CPU, la computadora hace cálculos, resuelve problemas y ejecuta las instrucciones que se le dan.

Comprensión de lectura ¿Qué significa *CPU?*

CONEXIÓN CON los estudios sociales

DESTREZA DE REDACCIÓN **ENIAC** La ENIAC se creó para que el ejército estadounidense la usara durante la Segunda Guerra Mundial. Investiga para qué se usó la ENIAC en la guerra y qué planes se desarrollaron para esta computadora después de la guerra. Escribe un informe de una página en el **diario de ciencias** sobre lo que investigaste.

Figura 3 **Hardware informático**

Memoria

La información puede quedar almacenada en la memoria de la computadora hasta que se la necesita. Los discos duros que están dentro de la computadora, junto con los disquetes o los discos compactos que se insertan en la computadora, tienen memoria para almacenar información. Otros dos tipos de memoria son la memoria de sólo lectura, o *ROM* (por su nombre en inglés) y la memoria de acceso aleatorio, o *RAM* (por su nombre en inglés).

La ROM es permanente y se encarga de tareas como el inicio, el mantenimiento y el manejo del hardware. Por lo general, la ROM no se puede cambiar ni expandir. Tampoco se pierde cuando la computadora se apaga. La RAM es temporal y almacena información sólo cuando se la usa. Suele llamarse *memoria de trabajo.* La información de la RAM se pierde si se corta la energía. Por eso, es bueno que te acostumbres a guardar tu trabajo en el disco duro o en un disquete cada cierta cantidad de minutos.

Dispositivos de salida

Una vez que la computadora realiza un trabajo, muestra los resultados en un *dispositivo de salida.* Los monitores, las impresoras y los sistemas de bocinas son ejemplos de dispositivos de salida.

Módems y tarjetas de interfaz

Las computadoras pueden intercambiar información si están unidas por módems o tarjetas de interfaz. Los módems envían información a través de la línea telefónica y convierten la información de una señal digital en una señal análoga y viceversa. Las tarjetas de interfaz usan cables o conexiones inalámbricas.

Práctica de Matemáticas

Memoria de la computadora

Imagina que descargas un documento de Internet que ocupa 25 kilobytes de la memoria. ¿Cuántos de esos documentos podrías descargar en un disco que tiene 1 gigabyte de memoria? Un kilobyte es igual a 1,024 bytes y un gigabyte es igual a 1,073,741,824 bytes.

Figura 4 Hardware informático adicional

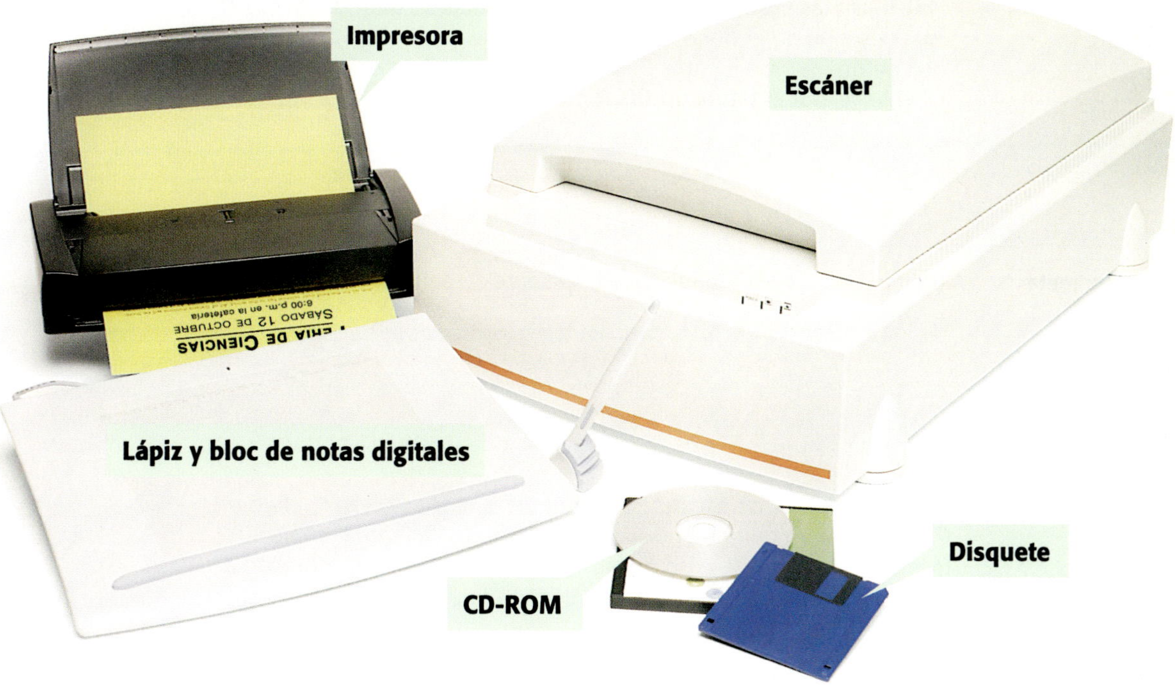

Discos compactos

Hoy en día, puedes usar una grabadora de discos compactos para hacer tu propio disco compacto. Un disco compacto guarda cerca de 500 veces más información que un disquete. Puede almacenar fotos digitales, archivos de música y cualquier otro tipo de archivo de la computadora.

Grabar y borrar discos compactos

Un tipo de disco compacto en el que puedes grabar información es un CD-grabable, o CD-R (por su nombre en inglés). Los CD-R usan un tinte para no dejar pasar la luz. Cuando el tinte se calienta, la luz no pasa y no se refleja en el aluminio. Para grabar un disco compacto, un láser especial calienta algunas partes y otras no. Este calentamiento crea un patrón de puntos "quemados" y "no quemados" en el CD-R. Los puntos almacenan información del mismo modo que los surcos y sectores planos lo hacen en un disco compacto normal. Los CD-R pueden grabarse una sola vez.

Un CD-regrabable, o CD-RW (por su nombre en inglés), puede usarse más de una vez. Los CD-RW usan un compuesto especial que puede borrarse para volver a escribir. Los CD-RW cuestan más que los CD-R. Sin embargo, no todos los reproductores de discos compactos pueden leerlos. Observa la **figura 5** para ver cómo funcionan un CD-R y un CD-RW.

Figura 5 **Cómo funcionan un CD-R y un CD-RW**

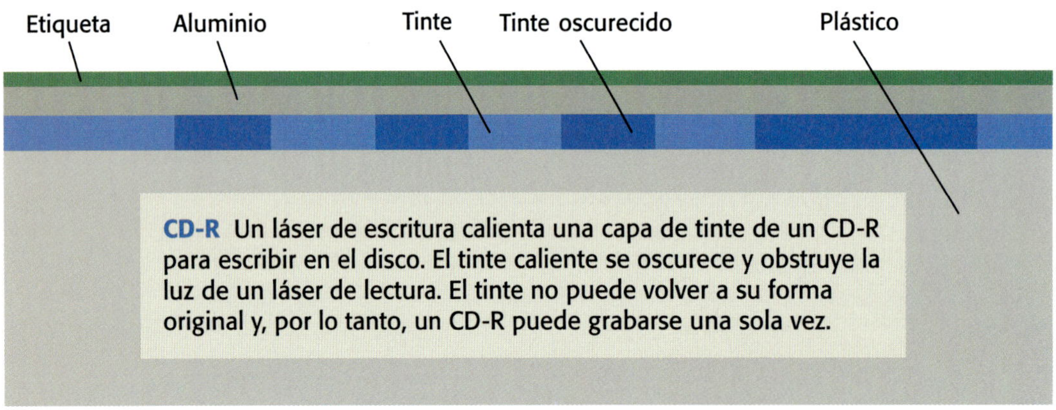

CD-R Un láser de escritura calienta una capa de tinte de un CD-R para escribir en el disco. El tinte caliente se oscurece y obstruye la luz de un láser de lectura. El tinte no puede volver a su forma original y, por lo tanto, un CD-R puede grabarse una sola vez.

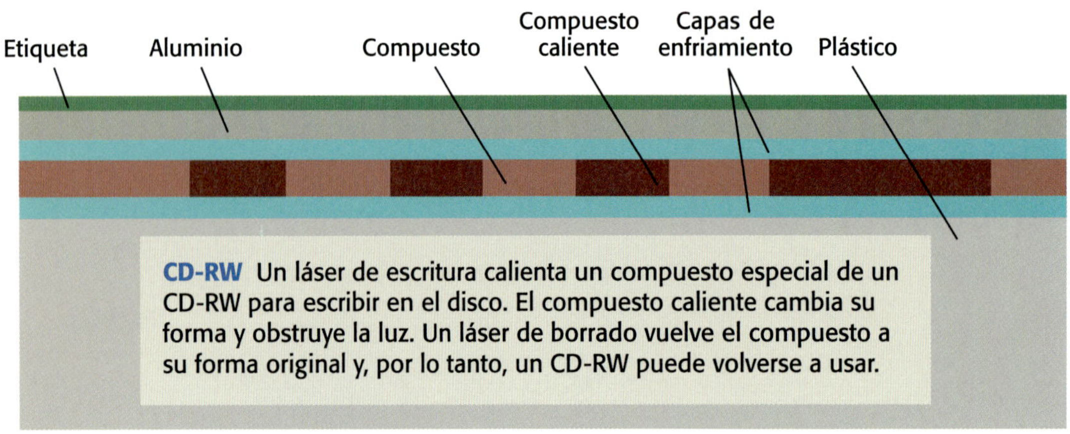

CD-RW Un láser de escritura calienta un compuesto especial de un CD-RW para escribir en el disco. El compuesto caliente cambia su forma y obstruye la luz. Un láser de borrado vuelve el compuesto a su forma original y, por lo tanto, un CD-RW puede volverse a usar.

Software informático

Las computadoras necesitan instrucciones antes de poder realizar una tarea determinada. El **software** es un conjunto de instrucciones o comandos que le dicen a una computadora qué hacer. Los programas de computadora son un ejemplo de software.

software un conjunto de instrucciones o comandos que le dicen qué hacer a una computadora; un programa de computadora

Tipos de software

El software se divide en dos tipos: software del sistema operativo y software de aplicación. El software del sistema operativo se ocupa de las operaciones básicas de la computadora. Ayuda a que el software y el hardware se comuniquen. También maneja los comandos de un dispositivo de entrada. Este tipo de software busca las instrucciones de programación del disco duro para que se carguen en la memoria.

El software de aplicación le dice a la computadora que ejecute una utilidad, como las que se muestran en la **figura 6.** ¡Las páginas de este libro se hicieron usando distintos tipos de software de aplicación!

Comprensión de lectura **¿Cuáles son los dos tipos principales de software?**

Figura 6 Tipos comunes de software informáticos

Procesador de texto

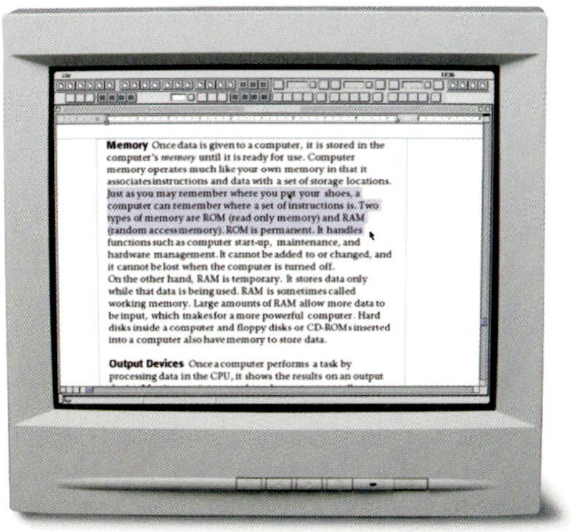

Videojuegos

Instrucción interactiva

Gráficas

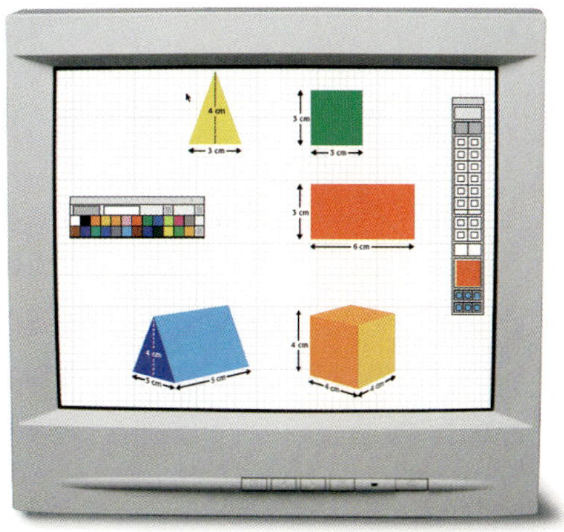

Redes de computadoras

Internet una amplia red de computadoras que conecta muchas redes locales y redes más pequeñas por todo el mundo

Al usar módems y software, muchas computadoras se conectan y se comunican entre sí. **Internet** es una red de computadoras gigante formada por millones de computadoras que comparten información.

Internet

En la **figura 7** se muestran algunas maneras en que pueden conectarse las computadoras. Se pueden conectar a Internet usando módems que se comunican con un proveedor de Internet, o ISP (por su nombre en inglés). La computadora de una casa suele conectarse con un ISP a través de la línea telefónica o de una línea de cable. Las computadoras de las escuelas o de los negocios se unen a la red de área local, o LAN (por su nombre en inglés). Estas computadoras se conectan a un ISP por medio de una sola línea. Los ISP de todo el mundo están conectados por medio de cables de fibra óptica.

La World Wide Web

La parte más conocida de Internet se llama *World Wide Web.* Cuando usas un programa de navegación de la Web para mirar páginas de Internet, estás dentro de la World Wide Web. Las páginas Web comparten un formato que es suficientemente simple como para que cualquier computadora las pueda visualizar. Se agrupan en sitios Web. Al hacer clic en un enlace, vas de una página o de un sitio a otro. ¡Un motor de búsqueda te sirve para encontrar las páginas Web sobre un tema para un informe o para encontrar información sobre tu película preferida!

Comprensión de lectura **Describe la World Wide Web.**

Figura 7 *Los proveedores de Internet permiten que las computadoras de tu hogar o de tu escuela se conecten con grandes computadoras de enrutamiento que están unidas en todo el mundo.*

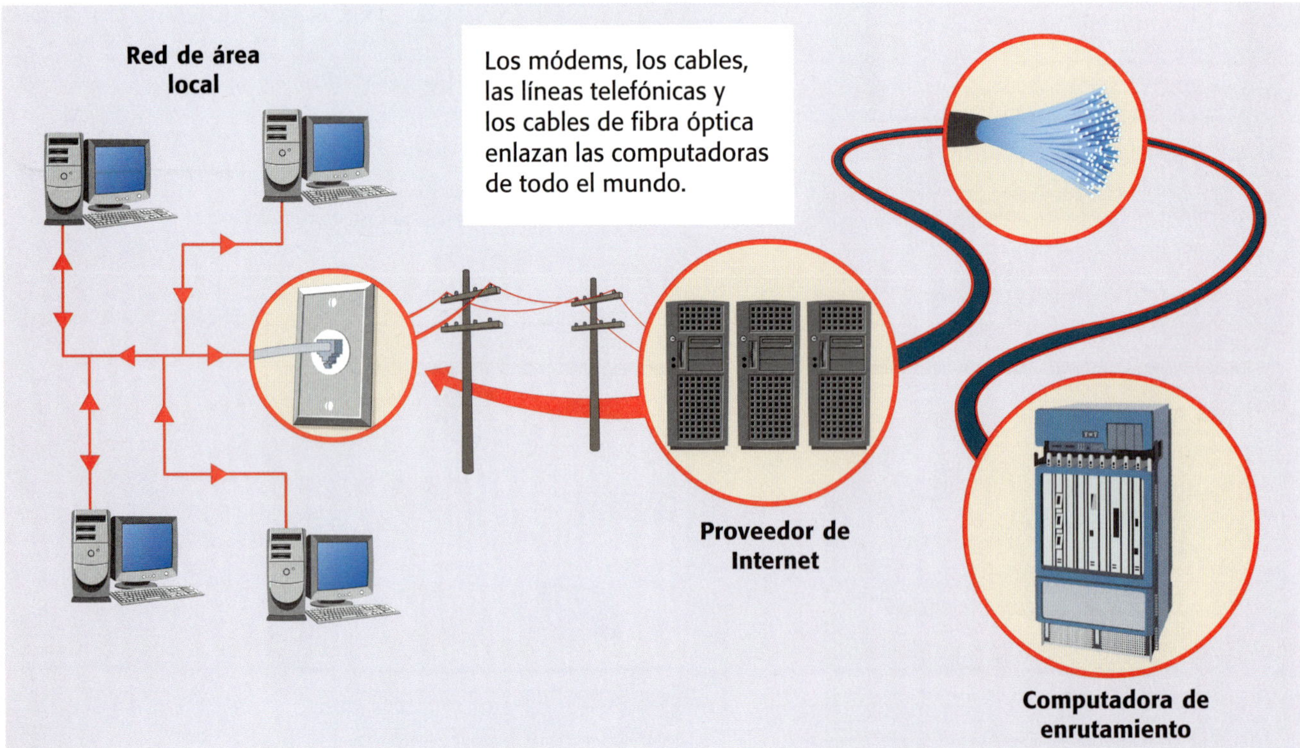

REPASO DE LA sección

Resumen

- Todas las computadoras tienen cuatro funciones básicas: entrada, procesamiento, almacenamiento y salida.
- La primera computadora para uso general, la ENIAC, estaba compuesta por miles de tubos de vacío y ocupaba una habitación entera. Los microprocesadores permitieron que ahora tengamos computadoras del tamaño de una libreta.
- El hardware de una computadora incluye los dispositivos de entrada, la CPU, la memoria, los dispositivos de salida y los módems.
- Las grabadoras de discos compactos almacenan información en discos compactos grabables, o CD-R. Los discos compactos regrabables, o CD-RW, pueden borrarse y volverse a usar. Ambos usan patrones de luz y puntos negros.
- El software informático es una serie de instrucciones que le dicen a una computadora qué hacer. Los dos tipos principales son los sistemas operativos y las aplicaciones. Los procesadores de texto, las hojas de cálculo y los juegos son aplicaciones.
- Internet es una red enorme que permite que millones de computadoras compartan información.

Usar términos clave

Las siguientes oraciones son falsas. Reemplaza el término subrayado en cada oración para hacerla verdadera.

1. Una aplicación de procesador de textos es un ejemplo de hardware.
2. Un proveedor de Internet te permite conectarte al microprocesador.

Comprender las ideas principales

3. ¿Cuál de las siguientes opciones es un ejemplo de hardware usado para ingresar datos?
   - **a.** el monitor
   - **b.** el teclado
   - **c.** la impresora
   - **d.** la bocina
4. ¿Qué diferencia hay entre las computadoras modernas y la ENIAC? ¿En qué se parecen?
5. ¿Qué diferencia hay entre el hardware y el software?
6. Explica cómo funciona una grabadora de discos compactos.
7. ¿Qué es Internet?

Razonamiento crítico

8. **Aplicar conceptos** Con los términos *entrada, salida, procesar* y *almacenar,* explica cómo se usa una calculadora de bolsillo para sumar números.
9. **Predecir consecuencias** ¿Existiría la comunicación en Internet si no funcionara ninguna línea telefónica? Explica tu respuesta.

Destrezas matemáticas

10. ¿Cuántas fotos digitales de 800 KB pueden grabarse en un disco CD-R con una capacidad de 700 MB para almacenar información? (Nota: 1,024 KB = 1 MB)

Interpretar gráficas

11. Observa la siguiente imagen de un módulo RAM. Cada uno de los rectángulos negros del módulo tiene 32 MB de RAM. Cada lado del módulo tiene el mismo número de rectángulos. ¿Cuál es la RAM total del módulo?

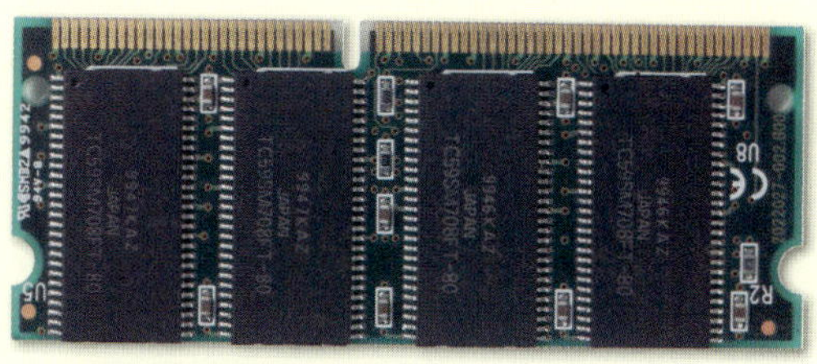

SCILINKS® NSTA
Desarrollo y mantenimiento a cargo de la Asociación Nacional de Maestros de Ciencias

Para ver diversos enlaces relacionados con este capítulo, visita www.scilinks.org

Tema*: Tecnología informática; Internet

Código de SciLinks: HSM0334; HSM0808

*(Sólo en inglés)

Laboratorio de destrezas

Enviar señales

Con un telégrafo, puedes usar la corriente eléctrica para enviar señales entre dos teclas de telégrafo conectadas con alambres. En este laboratorio, harás un modelo de un telégrafo que te permita usar el código Morse para transmitir mensajes a un amigo.

OBJETIVOS

Construye un modelo de una tecla de telégrafo que funcione.

Envía un mensaje en código Morse usando tu modelo.

Recibe un mensaje en código Morse usando tu modelo.

MATERIALES

- alambre aislado de 15 cm con los extremos pelados (4)
- clips (3)
- foco de linterna con portafocos
- pila de 6 V
- rectángulo de madera pequeño
- tachuelas (2)

SEGURIDAD

Procedimiento

1. Construye un interruptor en el rectángulo de madera, como se muestra a continuación. Usa una tachuela para sujetar un clip de manera tal que un extremo del clip sobresalga del borde del rectángulo de madera.
2. Abre el segundo clip para que parezca una *s*. Usa otra tachuela para sujetar un extremo del clip abierto sobre el tercer clip. El extremo libre del clip cerrado debe sobresalir del borde del rectángulo de madera al lado opuesto del primer clip. Al presionarlo, el extremo libre del clip abierto debe tocar la tachuela que está debajo.
3. Construye el resto del circuito, como se muestra a continuación. Con un alambre, conecta una terminal de la pila a uno de los clips que sobresale del rectángulo de madera.
4. Con el segundo alambre, conecta el otro clip que sobresale del rectángulo al portafoco.
5. Con el tercer alambre, conecta el otro lado del portafoco a la segunda terminal de la pila.

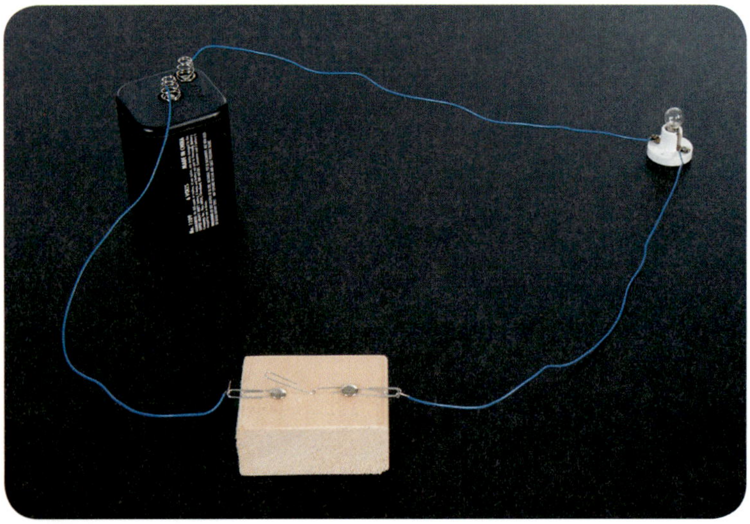

6. Prueba el circuito presionando despacio el clip abierto de modo que toque la tachuela que está debajo. El foco debe encenderse. Éste es tu modelo de una tecla de telégrafo.
7. Conecta tu modelo al modelo de otro equipo. Con el último alambre de los materiales de cada equipo, conecta los portafocos, como se muestra en la siguiente página. Prueba tu circuito cerrando cada interruptor de a uno por vez.

8 Escribe un mensaje breve, de cuatro o cinco palabras, en código Morse. Túrnate para enviar mensajes al otro equipo con el telégrafo. Para enviar un punto, mantén presionado el clip durante dos segundos. Para enviar un guión, mantén presionado el clip durante cuatro segundos. Decodifica el mensaje que recibes y verifica si lo recibiste correctamente.

9 Quita una de las pilas. Vuelve a probar el circuito cerrando cada interruptor de a uno por vez.

Analiza los resultados

1 **Describir sucesos** Cuando ambas pilas están conectadas, ¿qué pasa con los focos de las linternas si cierras el interruptor?

2 **Describir sucesos** Cuando ambas pilas están conectadas, ¿qué pasa con los focos de las linternas si el otro equipo cierra el interruptor?

3 **Describir sucesos** ¿Cómo cambia el modo en que envías o recibes los mensajes por telégrafo cuando quitas una de las pilas?

4 **Analizar resultados** ¿Recibiste el mensaje del otro equipo de forma correcta? De no ser así, ¿qué problemas tuviste?

Saca conclusiones

5 **Sacar conclusiones** Cuándo los dos modelos están conectados, ¿los focos de las linternas son parte de un circuito en serie o de un circuito paralelo?

6 **Predecir** ¿Cuál puede ser la dificultad de transmitir mensajes por telégrafo al extranjero?

Tabla 1 **Código Morse internacional**

A •–	J •–––	S •••	2 ••–––
B –•••	K –•–	T –	3 •••––
C –•–•	L •–••	U ••–	4 ••••–
D –••	M ––	V •••–	5 •••••
E •	N –•	W •––	6 –••••
F ••–•	O –––	X –••–	7 ––•••
G ––•	P •––•	Y –•––	8 –––••
H ••••	Q ––•–	Z ––••	9 ––––•
I ••	R •–•	1 •––––	0 –––––

Repaso del capítulo

USAR TÉRMINOS CLAVE

Explica la diferencia entre los siguientes pares de términos.

1. *semiconductor* y *circuito integrado*
2. *transistor* y *adulteración*
3. *señal análoga* y *señal digital*
4. *computadora* y *microprocesador*
5. *hardware* y *software*

COMPRENDER LAS IDEAS PRINCIPALES

Opción múltiple

6. Todos los aparatos electrónicos transmiten información por medio de
   a. señales.
   b. ondas electromagnéticas.
   c. ondas de radio.
   d. módems.
7. Los semiconductores sirven para fabricar
   a. transistores.
   b. circuitos integrados.
   c. diodos.
   d. Todas las anteriores
8. ¿Cuál de las siguientes opciones es un ejemplo de un aparato de telecomunicación?
   a. un tubo de vacío
   b. un teléfono
   c. un radio
   d. Tanto (b) como (c)
9. Un monitor, una impresora y una bocina son ejemplos de
   a. dispositivos de entrada.
   b. memoria.
   c. computadoras.
   d. dispositivos de salida.
10. Los tocadiscos reproducen sonidos que se grabaron en forma de
    a. señales digitales.
    b. corrientes eléctricas.
    c. señales análogas.
    d. ondas de radio.
11. En una computadora, la memoria que es permanente y no se puede cambiar se llama
    a. RAM.
    b. ROM.
    c. CPU.
    d. Ninguna de las anteriores
12. Los haces de electrones que brillan sobre materiales fluorescentes se usan en
    a. los teléfonos.
    b. los telégrafos.
    c. los televisores.
    d. los radios.

Respuesta breve

13 ¿Qué diferencia hay entre un aparato electrónico y otros aparatos que usan energía eléctrica?

14 En una o dos oraciones, describe cómo funciona un televisor.

15 Da tres ejemplos de cómo usas las computadoras en tu vida cotidiana.

16 Explica las ventajas que tienen los transistores sobre los tubos de vacío.

Destrezas matemáticas

17 ¿Cuántos bits pueden almacenarse en un disco duro de 20 GB? (Pista: 1 GB = 1,073,741,824 bytes; 1 byte = 8 bits)

RAZONAMIENTO CRÍTICO

18 **Mapa de conceptos** Haz un mapa de conceptos con los siguientes términos: *aparatos electrónicos, ondas de radio, corriente eléctrica, señales* e *información.*

19 **Aplicar conceptos** Tu amigo está preparando un informe oral sobre la historia del radio y encuentra la siguiente fotografía de un radio antiguo. Te pregunta por qué el radio es tan grande. Usando lo que aprendiste sobre los aparatos electrónicos, ¿cómo explicarías el tamaño de este radio antiguo?

20 **Comparar** Basándote en lo que aprendiste sobre las diferencias entre las señales análogas y las señales digitales, compara el sonido de un tocadiscos con el sonido de un reproductor de discos compactos.

21 **Comparar** ¿Qué tienen en común el código Morse y las señales digitales?

INTERPRETAR GRÁFICAS

El siguiente diagrama muestra un circuito que contiene un transistor. Consúltalo para contestar las siguientes preguntas.

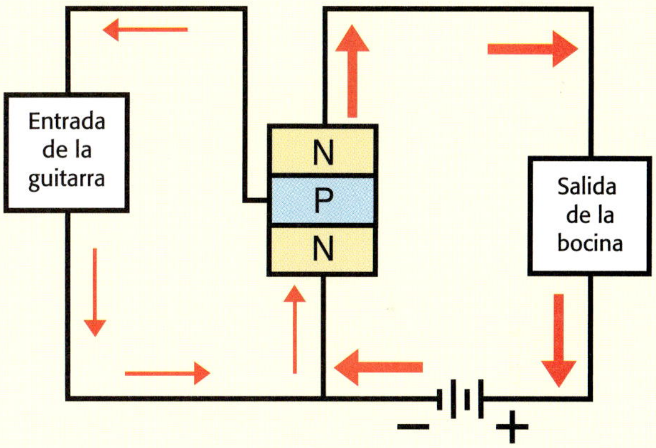

22 ¿Qué papel tiene el transistor en este diagrama?

23 Compara la corriente del lado izquierdo del circuito con la corriente del lado derecho del circuito.

24 Compara el sonido de la bocina con el sonido de la guitarra.

Preparación para los exámenes estandarizados

LECTURA

Lee los siguientes pasajes. Luego, contesta las preguntas correspondientes.

Pasaje 1 Los primeros televisores salieron al mercado en la década de 1940. Costaban cerca de $625 y la mayoría de las familias no podían comprarlos porque eran demasiado caros. Aunque los aparatos eran grandes y voluminosos, las pantallas eran pequeñas, y las imágenes eran borrosas y en blanco y negro. Los televisores actuales tienen pantallas más grandes e imágenes más nítidas y en colores. Además, los televisores modernos no suelen ser tan caros. Un televisor convencional hoy en día cuesta menos de la mitad de lo que costaba en la década de 1940, y eso no se debe a la inflación. Muchos de los televisores modernos vienen preparados para la televisión por cable y tienen controles remotos. Puedes comprar televisores con reproductores de video o de DVD incorporados. Incluso puedes instalar sonido envolvente de la misma calidad que el sonido de un cine. Pero quizás hasta estos avances parezcan obsoletos dentro de 20 años.

1. ¿Cuál de las siguientes opciones puede inferirse a partir del pasaje?

A Las películas a color son mejores que las películas en blanco y negro.

B En la década de 1940, los televisores no tenían control remoto.

C Los televisores actuales no son mucho mejores que los que se hacían en la década de 1940.

D Los televisores son mucho más caros en la actualidad que en el pasado.

2. ¿Cuál de las siguientes oraciones es verdadera según el pasaje?

F Los primeros televisores tenían pantallas pequeñas con imágenes borrosas en blanco y negro.

G Los televisores con reproductores de video incorporados son muy caros.

H Las pantallas de los televisores son demasiado grandes.

I Aunque los televisores están mejorando, la calidad de los programas de televisión está empeorando.

Pasaje 2 Inventado en la década de 1830, el telégrafo fue uno de los primeros aparatos de comunicación electrónica. El telégrafo usaba una corriente eléctrica para enviar mensajes entre dos lugares distantes que estaban unidos por cables. Los operadores de telégrafo enviaban mensajes en código Morse, que usa una combinación de golpes cortos y largos que representan números y letras. Cuando los operadores presionaban la tecla del telégrafo, se cerraba un circuito y se producía un "clic" en el lado receptor del telégrafo. Aunque los telégrafos no se usan mucho en la actualidad, fueron un paso importante en el desarrollo de la telecomunicación electrónica.

1. ¿Cuál es el significado de la palabra *telecomunicación* en este pasaje?

A usar teléfonos para comunicarse

B enviar mensajes a alguien que se encuentra a cierta distancia para poder oírlo

C tratar de descifrar códigos sin una clave

D comunicarse con alguien a larga distancia

2. ¿Qué es lo primero que pasa cuando un operador envía un mensaje por telégrafo?

F Un circuito se abre y se cierra según el patrón de golpes cortos y largos.

G Hay clics cortos y largos en el extremo receptor.

H El operador presiona la tecla del telégrafo según un patrón de golpes cortos y largos.

I El receptor descifra e interpreta el mensaje.

INTERPRETAR GRÁFICAS

La siguiente tabla muestra el costo de las piezas necesarias para fabricar tu propia computadora personal. Consúltala para contestar las siguientes preguntas.

Costo de las piezas de una computadora	
Pieza	**Costo**
Armazón	\$50 a \$200
Suministro de energía (300 a 400 W)	\$30 a \$50
CPU (1.7 a 2.26 GHz)	\$80 a \$250
Equipo de refrigeración (puede estar incluido en el armazón)	\$0 a \$50
Placa madre	\$50 a \$200
RAM (256 a 512 MB)	\$50 a \$150
Unidad de disquete	\$20
Unidad de disco duro (60 a 100 GB)	\$80 a \$125
Unidad de CD-ROM, unidad de DVD-ROM o ambas	\$35 a \$120
Tarjeta de video	\$40 a \$175
Tarjeta de sonido (opcional)	\$0 a \$200
Bocinas	\$10 a \$150
Micrófono (opcional)	\$0 a \$50
Teclado y ratón	\$50 a \$80
Monitor	\$200 a \$600

1. ¿Cuál de los siguientes artículos es opcional para armar una computadora?

A una CPU
B una unidad de disco duro
C una RAM
D un micrófono

2. ¿Cuál es el costo total para comprar la CPU y la placa madre más caras y el monitor más barato?

F \$330
G \$650
H \$730
I \$1,050

MATEMÁTICAS

Lee las siguientes preguntas y escoge la mejor respuesta.

1. Un televisor de plasma tiene 15 cm de espesor. ¿Cuál es la medida en pulgadas? (1 pulg = 2.5 cm)

A 6 pulg
B 12 pulg
C 17.5 pulg
D 37.5 pulg

2. El radio de un disco compacto es de unos 6 cm. ¿Cuál es el área aproximada de un disco compacto? (Considera que el valor de π es 3.)

F 36 cm
G 36 cm^2
H 108 cm
I 108 cm^2

3. Cuando el sonido se graba en forma digital en un disco compacto, las ondas sonoras se convierten en corriente eléctrica. La corriente se usa para hacer cerca de 44,000 muestras por segundo para obtener una señal digital. ¿Alrededor de cuántas muestras se tomarían en 1 minuto?

A 733
B 264,000
C 733,000
D 2,640,000

4. La primera computadora para uso general, la ENIAC, estaba formada por 18,000 tubos de vacío. La ENIAC usaba cerca de 180,000 W de potencia. ¿Cuánta potencia consumía cada tubo de vacío aproximadamente?

F 0.1 W
G 1.8 W
H 10 W
I 18 W

La ciencia en acción

Ciencia, tecnología y sociedad

Computadoras para llevar puestas

Las delgadas computadoras portátiles de la actualidad son extremadamente pequeñas comparadas con la primera computadora para uso general, la ENIAC, que ocupaba una habitación entera. Pero es probable que las computadoras portátiles de la actualidad parezcan voluminosas al lado de las computadoras del mañana. ¡En el futuro, quizás lleves puesta tu computadora! Una computadora de vestir siempre está contigo, como la ropa o los anteojos, y es fácil de manejar. Hasta la puedes usar cuando te mueves. Este tipo de computadora te serviría para tomar apuntes en clase, buscar números telefónicos, revisar el correo electrónico o navegar por Internet. Muchas compañías ya las están usando. A medida que la tecnología avance, las computadoras de vestir serán aún más fáciles de manejar y realizarán tareas más avanzadas.

ACTIVIDAD de matemáticas

Una computadora de vestir como las que se fabrican en la actualidad puede funcionar entre los 0°C y los 50°C. Para convertir las mediciones de temperatura de grados Celsius a grados Fahrenheit, usa la siguiente ecuación: temperatura en grados Fahrenheit = (9/5 × temperatura en grados Celsius) + 32. ¿Cuál es el rango de funcionamiento de esta computadora en grados Fahrenheit?

Ciencia ficción

There Will Come Soft Rains (Vendrán lluvias suaves), por Ray Bradbury

"Tic tac, son las siete en punto, hora de levantarse, son las siete en punto." El reloj parlante de la sala llamó a los miembros de la familia con un tono suave para que se levantaran y comenzaran un nuevo día. Unos minutos después, la estufa automática comenzó a preparar el desayuno. Como afuera caía una lluvia suave, la caja climática de la puerta de entrada sugirió que ese día iban a hacer falta los impermeables.

Pero no se oye a nadie de la familia en la casa. La casa sigue hablando sola, como si se estuviera haciendo compañía. ¿Por qué no contesta nadie? Para descubrirlo, lee *There Will Come Soft Rains* en *Holt Anthology of Science Fiction*.

ACTIVIDAD de artes del lenguaje

DESTREZA DE REDACCIÓN La historia anterior transcurre en el año 2026. El autor se imaginó cómo sería el mundo en el futuro. Escribe un cuento breve sobre cómo crees que será la vida en el año 2050.

Profesiones

Agnes Riley

Técnica en informática Algunas personas dan por hecho que una computadora debe funcionar sin problemas... hasta que se rompe. Cuando pasa eso, es probable que tengas que llamar a una experta como Agnes Riley. Agnes es una técnica en informática de Budapest (Hungría). Cuando una computadora no funciona bien, Agnes la desarma, busca el problema y lo soluciona.

Muchas personas van a la universidad para aprender a reparar computadoras, pero Agnes aprendió por su cuenta. En Hungría, la compañía para la que trabajaba tenía algunas computadoras viejas en desuso. Agnes comenzó a experimentar para intentar repararlas. Cuanto más trabajaba en las computadoras, más aprendía.

Cuando Agnes se mudó a la ciudad de Nueva York, en 1999, quería ser técnica en informática. Comenzó como vendedora de computadoras. Con el paso del tiempo, consiguió los libros del curso de técnico. Sus experimentos previos y el estudio dieron sus frutos. Aprobó el examen y obtuvo el diploma de técnica. A Agnes le gusta solucionar problemas y ayudar a las personas. Si eres ese mismo tipo de persona, ¡tal vez quieras ser técnico en informática también!

ACTIVIDAD de estudios sociales

DESTREZA DE REDACCIÓN Agnes Riley es de Budapest (Hungría). ¿Qué puedes ver si vas a Budapest? Investiga y luego diseña un folleto de viaje que motive a los turistas a visitar la ciudad. Puedes incluir información acerca de los lugares de interés o de la historia de Budapest.

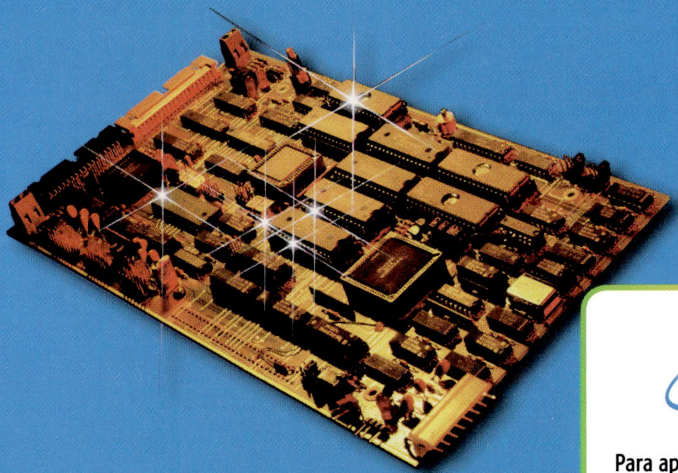

go.hrw.com

Para aprender más sobre los temas de "La ciencia en acción", visita go.hrw.com y escribe la palabra clave HP5ELTF. (Disponible sólo en inglés)

Ciencia actual

Visita go.hrw.com y consulta los artículos de Ciencia actual *(Current Science®)* **relacionados con este capítulo. Sólo escribe la palabra clave HP5CS19.** (Disponible sólo en inglés)

Aplicar métodos científicos

Laboratorio de destrezas

¡Detengan la electricidad estática!

Imagina la siguiente situación: algunas de tus prendas de ropa quedan pegadas cuando las sacas de la secadora. Lo que causa este molesto problema es la electricidad estática, es decir, la acumulación de cargas eléctricas en un objeto. En este laboratorio, descubrirás cómo se produce esa acumulación.

MATERIALES

- agitador de goma
- agitador de vidrio
- cinta
- hilo de 30 cm
- maní de espuma plástica para embalaje
- ropa de lana
- ropa de seda

SEGURIDAD

Haz una pregunta

1. ¿Cómo se acumulan las cargas eléctricas en la ropa que está dentro de una secadora?

Formula una hipótesis

2. Escribe una oración que conteste la pregunta anterior. Explica tu razonamiento.

Comprueba la hipótesis

3. Ata un trozo de hilo de unos 30 cm de largo a un maní de espuma plástica para embalaje. Cuelga el maní del hilo en el borde de una mesa. Pega con cinta el hilo a la mesa.
4. Frota el agitador de goma contra la ropa de lana durante 10 a 15 s. Acerca el agitador al maní, pero sin tocarlo. Observa el maní y anota tus observaciones. Si no pasa nada, repite este paso.
5. Toca el maní con el agitador de goma. Aleja el agitador del maní y luego acércalo otra vez. Anota tus observaciones.
6. Repite los pasos 4 y 5 con el agitador de vidrio y la ropa de seda.
7. Esta vez, frota el agitador de goma contra la ropa de lana y acerca el agitador al maní nuevamente. Anota tus observaciones.

Analiza los resultados

1. ¿Por qué actuó el maní de forma diferente en los pasos 4 y 5?
2. ¿El agitador de vidrio tuvo el mismo efecto sobre el maní que el agitador de goma? Explica cómo reaccionó el maní en cada caso.
3. ¿La reacción del maní fue la misma en los pasos 5 y 7? Explica tu respuesta.

Saca conclusiones

4. Basándote en tus resultados, ¿tu hipótesis era correcta? Explica tu respuesta y escribe una nueva afirmación, si es necesario.

Aplicar los datos

Investiga acerca de cómo una hoja de papel secante ayuda a detener la acumulación de cargas eléctricas en la secadora.

Laboratorio de construcción de modelos

La potencia de la papa

¿Alguna vez has querido mirar dentro de una pila D de una linterna o una pila AA de un radio portátil? Todas las pilas tienen los mismos componentes básicos, como se muestra a continuación. Hay una "cubeta" metálica, algunos electrolitos (una pasta), y un cilindro de algún otro metal (o sólido) en el medio. Aunque hacer una pila es simple, las empresas que las fabrican siempre están intentando lograr un producto con el más alto voltaje posible a partir de los materiales más económicos. A veces, las empresas prueban diferentes pastas; otras veces, prueban diferentes combinaciones de metales. En este laboratorio, harás tu propia pila. Con materiales económicos, intentarás producir el voltaje más alto que puedas.

MATERIALES

- papa
- regla métrica
- tiras metálicas rotuladas
- voltímetro

SEGURIDAD

Procedimiento

1. Elige dos tiras metálicas. Con cuidado, introduce una de las tiras dentro de la papa al menos 2 cm. Inserta la segunda tira de la misma forma y mide la distancia entre las dos tiras. (Si una de las tiras metálicas es demasiado blanda como para empujarla dentro de la papa, introduce una tira más dura primero, retírala y luego empuja la tira blanda en el surco.) Anota los dos metales que has usado y la distancia entre las tiras. **Precaución:** las tiras de metal pueden tener extremos filosos.
2. Conecta el voltímetro a las dos tiras y anota el voltaje.
3. Acerca una de las tiras a la otra o aléjala de ella. Mide la nueva distancia y el voltaje. Anota tus resultados.
4. Repite los pasos 1 a 3 con diferentes combinaciones de tiras metálicas y de distancias hasta que encuentres la combinación que produzca el voltaje más alto.

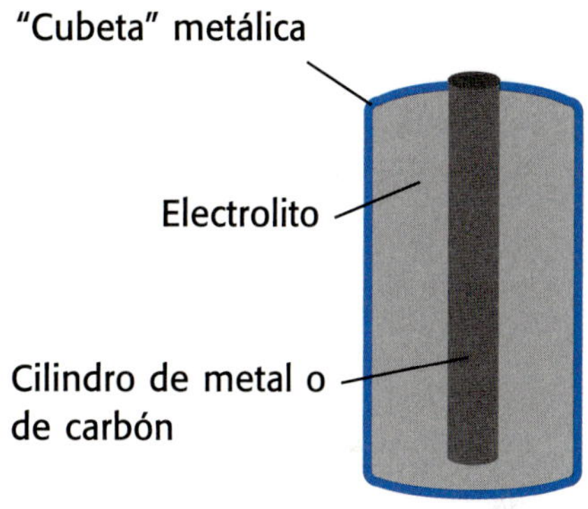

Pila D

Analiza los resultados

1. ¿Qué combinación de metales y de distancias produjo el voltaje más alto?
2. Si cambias sólo la distancia pero usas las mismas tiras metálicas, ¿cuál es el efecto en el voltaje?
3. Una de las tiras metálicas tiende a perder electrones y la otra tiende a ganarlos. ¿Qué crees que pasaría si usaras dos tiras del mismo metal?

Laboratorio de destrezas

Misterio magnético

Todos los imanes están rodeados de un campo magnético. Las líneas de un campo magnético muestran la forma de ese campo magnético. Estas líneas pueden modelarse con limaduras de hierro. Las limaduras de hierro se ven afectadas por el campo magnético y caen formando líneas que muestran el campo. En este laboratorio, primero aprenderás acerca de los campos magnéticos, y luego usarás ese conocimiento para identificar la forma y orientación de un imán misterioso basándote en tus observaciones de las líneas del campo.

MATERIALES

- acetato transparente (1 hoja)
- caja de zapatos
- cinta adhesiva de papel
- imanes de diferentes formas (2)
- limaduras de hierro

SEGURIDAD

Haz una pregunta

1. ¿Puede determinarse la forma y la orientación de un imán sin ver el imán?

Formula una hipótesis

2. Escribe una respuesta posible a la pregunta anterior. Explica tu razonamiento.

Comprueba la hipótesis

3. Apoya uno de los imanes en la mesa.
4. Coloca una hoja de acetato transparente encima del imán. Esparce algunas limaduras de hierro sobre el acetato para ver las líneas del campo magnético.
5. Dibuja el imán y las líneas del campo magnético.
6. Retira el acetato y vuelve a colocar las limaduras en su recipiente.
7. Coloca el imán con un extremo hacia arriba. Repite los pasos 4 a 6.
8. Coloca el imán de costado. Repite los pasos 4 a 6.
9. Repite los pasos 3 a 8 con el otro imán.
10. Quita la tapa a una caja de zapatos y pega con cinta un imán debajo de la tapa. Cuando el imán asegurado a la tapa, vuelve a tapar la caja.
11. Intercambia cajas con otro equipo de tu clase.
12. Sin abrir la caja, determina con la hoja de acetato y las limaduras de hierro la forma del campo magnético.
13. Dibuja las líneas del campo magnético.

Analiza los resultados

1. Deduce la forma y la orientación del imán que está dentro de la caja usando los dibujos de los pasos 3 a 9. Haz un dibujo de tu conclusión.

Aplicar los datos

Examina tus dibujos. ¿Puedes identificar los polos norte y sur de un imán a partir de la forma de las líneas del campo magnético? Elabora un procedimiento que te permita determinar los polos de un imán.

Aplicar métodos científicos

Laboratorio de destrezas

Electricidad a partir del magnetismo

Todos los días usas la electricidad. Pero, ¿alguna vez te has preguntado de dónde viene? Parte de la energía eléctrica que usas se transforma a partir de la energía química de pilas o baterías. Pero ¿de dónde viene la energía eléctrica cuando conectas una lámpara a un enchufe de la pared? En este laboratorio, verás de qué manera puede generarse electricidad a partir del magnetismo.

MATERIALES

- alambre magnético de 150 cm
- cables aislados de 30 cm de longitud (2)
- galvanómetro comercial
- imán en barra resistente
- papel de lija
- pinza de contacto (2)
- tubo de cartón

SEGURIDAD

Haz una pregunta

1. ¿Cómo puede generarse electricidad a partir del magnetismo?

Formula una hipótesis

2. Escribe una oración que conteste la pregunta 1.

Comprueba la hipótesis

3. Con una lija, quita el esmalte en los últimos 2 ó 3 cm de cada extremo de un alambre magnético. Envuelve el alambre magnético alrededor del tubo para formar una bobina, como se muestra en la ilustración. Con los cables aislados, une los extremos pelados del alambre al galvanómetro.
4. Sin dejar de mirar el galvanómetro, mueve un imán en barra hacia dentro de la bobina; mantenlo así por un momento y luego retíralo. Anota tus observaciones.
5. Repite el paso 4 varias veces, moviendo el imán a diferentes velocidades. Observa el galvanómetro en detalle.
6. Sostén el imán quieto y pasa la bobina por encima del imán. Anota tus observaciones.

Analiza los resultados

1. ¿Cómo afecta la velocidad del imán a la magnitud de la corriente eléctrica?
2. ¿Qué efecto tiene el movimiento del imán sobre la dirección de la corriente eléctrica?
3. Examina tu hipótesis. ¿Es exacta? Explica tu respuesta. Si es necesario, formula una nueva hipótesis para contestar la pregunta 1.

Saca conclusiones

4. ¿Se generaría una corriente eléctrica aunque el alambre estuviera cortado? ¿Por qué?
5. ¿Un imán inmóvil serviría para generar una corriente eléctrica? Explica tu respuesta.
6. ¿Qué transformaciones de energía se producen en esta investigación?
7. Escribe un párrafo breve en el que expliques los requisitos para generar electricidad a partir del magnetismo.

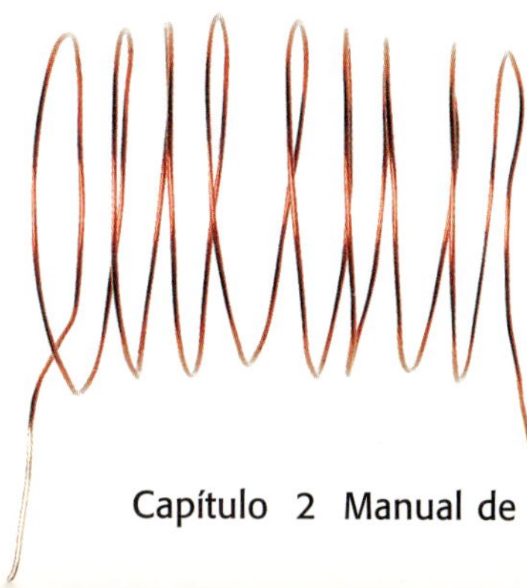

Aplicar métodos científicos

Laboratorio de construcción de modelos

¡Conéctate!

Probablemente hayas escuchado el radio muchas veces en tu vida. Los radios modernos son aparatos electrónicos complicados. Sin embargo, no tienen por qué ser tan complicados. Las piezas básicas de todos los radios son: un diodo, un inductor, un capacitor, una antena, un cable de conexión a tierra y un auricular (o una bocina y un amplificador en el caso de un radio grande). En esta actividad, examinarás cada uno de estos componentes, de a uno por vez, a medida que construyas un modelo de trabajo de un receptor de ondas de radio.

MATERIALES

- antena
- auricular
- cable aislado de 2 m
- cable de conexión a tierra
- cables de conexión de 30 cm cada uno (7)
- cartón de 20 cm × 30 cm
- cinta adhesiva
- clips (3)
- diodo
- hoja de papel
- papel aluminio
- tijeras
- tubos de cartón (2)

SEGURIDAD

Haz una pregunta

1. Escribe una pregunta que puedas comprobar usando el procedimiento de este experimento.

Formula una hipótesis

2. Escribe una respuesta posible a la pregunta del paso anterior. Explica tu razonamiento.

Comprueba la hipótesis

3. Examina el diodo. Descríbelo en una hoja aparte.
4. Un diodo transmite corriente en una sola dirección. Dibuja el interior de un diodo e ilustra de qué manera el diodo transmite la corriente en una sola dirección.
5. Un inductor controla la cantidad de corriente eléctrica gracias a la resistencia del cable. Haz un inductor enrollando el cable aislado alrededor de un tubo de cartón aproximadamente 100 veces. Enrosca el cable de modo que las vueltas de la bobina queden parejas y ordenadas, como se muestra en la ilustración. Deja alrededor de 25 cm de cable en cada extremo de la bobina. Puede usarse cinta adhesiva para mantener la bobina de cable apretada al tubo.

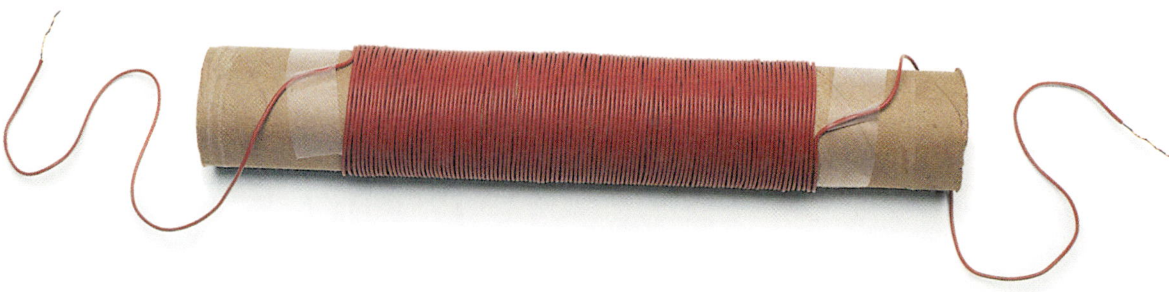

6. Ahora construirás el capacitor variable. Un capacitor almacena energía eléctrica cuando se le aplica una corriente eléctrica. Un capacitor variable es un capacitor en el que la cantidad de energía almacenada puede cambiarse. Corta un pedazo de papel aluminio para envolver el tubo pero de sólo la mitad de su longitud, como se muestra a la derecha. Evita que el papel se arrugue al envolver el tubo y pega con cinta el papel sobre sí mismo. Luego pega el papel al tubo.

7. Con la hoja de papel y la cinta adhesiva, haz una cubierta deslizante en el tubo. El papel debe cubrir por completo el papel aluminio en el tubo y tener alrededor de 1 cm extra.

8. Corta otra hoja de papel aluminio para envolverla por completo alrededor de la hoja de papel. Deja que se vea aproximadamente 1 cm de papel de cada extremo del papel aluminio. Pega con cinta esta hoja de papel aluminio a la manga de papel. Si lo has hecho bien, debes tener una hoja de papel/papel aluminio que se desliza por el tubo encima del papel aluminio fijo. Los dos pedazos de papel aluminio no deben estar en contacto.

9. Pon tu capacitor variable de pie sobre un extremo de manera que el papel aluminio fijo quede abajo. La cantidad de energía almacenada es mayor cuando la manga está abajo que cuando está arriba.

10. Pega con cinta un alambre de conexión al papel aluminio fijo en el extremo del tubo. Une con cinta otro alambre de conexión a la manga de papel aluminio deslizante. Asegúrate de que la parte de metal del alambre toque el papel aluminio.

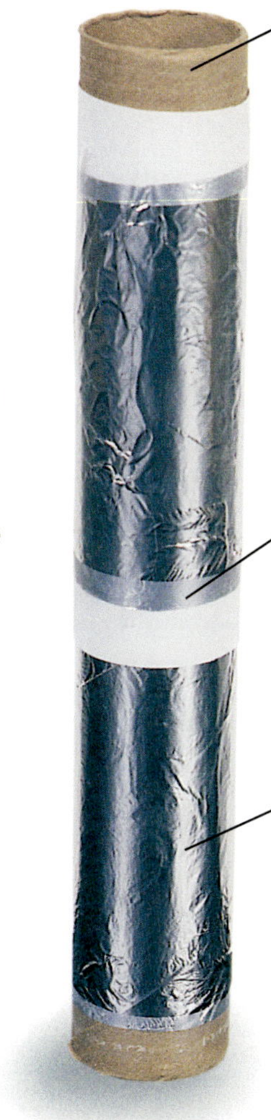

Capacitor

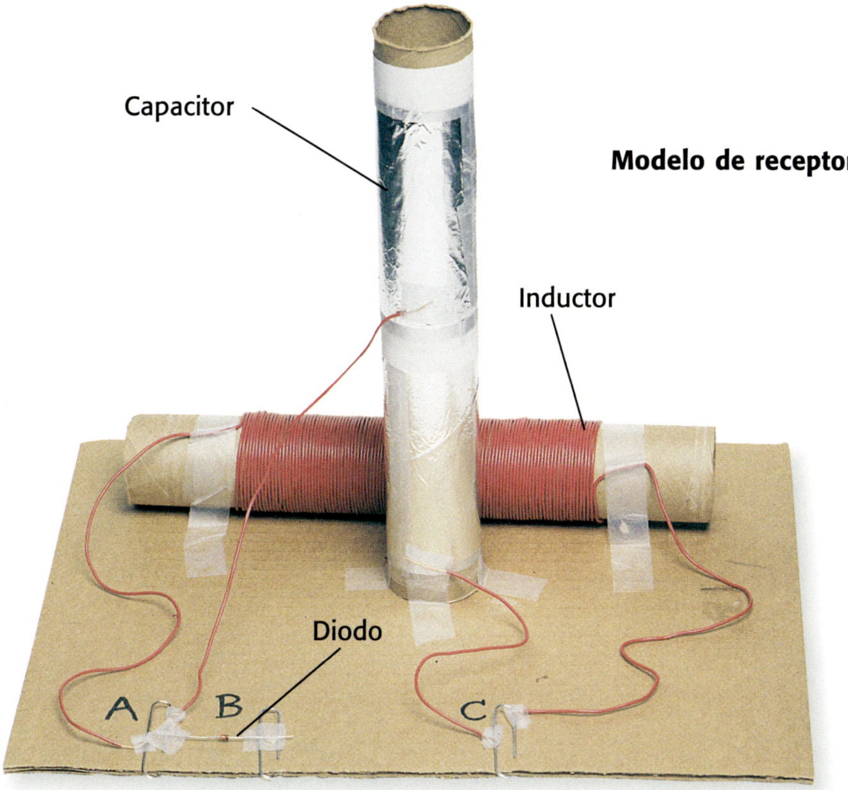

Modelo de receptor sin terminar

11 Engancha tres clips en un borde del cartón, como se muestra en la ilustración. Rotula un clip "A", el segundo clip "B" y el tercero "C".

12 Apoya el inductor en el pedazo de cartón y pégalo con cinta al cartón.

13 Coloca el capacitor de pie cerca del inductor y pega con cinta el tubo al cartón. Asegúrate de no pegar la manga, que debe quedar suelta para deslizarse.

14 Con cinta, conecta el diodo a los clips A y B. El cátodo debe estar más cerca del clip B. (El extremo del cátodo del diodo es el que tiene la banda oscura.) Asegúrate de que todas las conexiones tengan buen contacto de metal con metal.

15 Conecta un extremo del inductor al clip A y el otro extremo al clip C. Mantén los cables en su lugar con cinta adhesiva.

16 Conecta el cable de la parte deslizante del capacitor al clip A. Conecta el otro cable (del papel aluminio fijo) al clip C.

17 La antena recibe ondas de radio transmitidas por una estación de radio. Pega con cinta un cable de conexión a tu antena. Luego, conecta este cable al clip A.

Un modelo de receptor terminado

18. Conecta con cinta adhesiva un extremo del alambre de conexión a tierra al clip C. El otro extremo del alambre debe ir conectado a un objeto que tu maestro especifique.

19. El auricular te permitirá detectar las ondas de radio que recibes. Conecta un cable del auricular al clip B y el otro cable al clip C.

20. Ahora ya estás listo para empezar a escuchar. Con todo conectado y el auricular en el oído, desliza lentamente la hoja de papel/papel de aluminio del capacitor hacia arriba y hacia abajo. Busca algún sonido remoto. Quizás debas ajustar muchas de las partes para que el receptor funcione. Mientras lo haces, verifica que haya buen contacto entre todas las conexiones.

Analiza los resultados

1. Describe el proceso de funcionamiento de tu receptor.

2. Basándote en lo que has aprendido acerca de un diodo, ¿por qué es importante tener el diodo conectado en forma correcta?

3. Una de las funciones del inductor de un radio es la de "bajar la intensidad de la corriente". ¿Por qué el inductor que hiciste reduce la corriente más de lo que un cable recto reduce la longitud de tu bobina?

4. Un capacitor está formado por dos conductores separados por un aislante. Menciona los dos conductores y el aislante de tu capacitor.

Saca conclusiones

5. Explica por qué la cantidad de energía almacenada aumenta cuando deslizas la manga de papel aluminio hacia abajo y disminuye cuando deslizas la manga hacia arriba.

6. Enumera las formas en que tu receptor se parece a un radio moderno. Enumera, por otro lado, las formas en que tu receptor se diferencia de un radio moderno.

Contenido

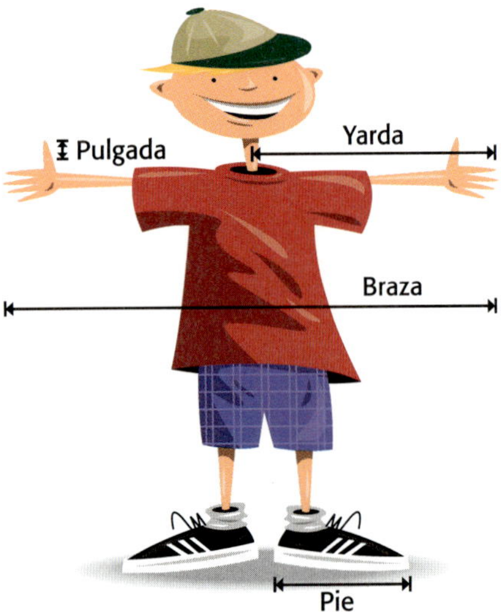

Comprensión de lectura Respuestas

Capítulo 1 Introducción a la electricidad

Sección 1

Pág. 4: los protones y los electrones

Pág. 6: por fricción, por conducción y por inducción

Pág. 7: Un electroscopio sirve para detectar si un objeto tiene carga.

Pág. 9: Una descarga eléctrica es la liberación de la electricidad almacenada en una fuente.

Pág. 10: Respuesta posible: Porque una persona en una zona abierta puede ser el objeto más alto y, por lo tanto, el camino más corto para el relámpago.

Sección 2

Pág. 12: el ampere (A)

Pág. 13: la corriente alterna (CA) y la corriente continua (CC)

Pág. 14: el volt o voltio (V)

Pág. 17: las celdas húmedas y las celdas secas

Pág. 18: la fotocelda

Sección 3

Pág. 21: el watt (W) y el kilowatt (kW)

Pág. 22: kilowatts-hora (kWh)

Sección 4

Pág. 24: la fuente de energía, los cables y la carga

Pág. 25: los circuitos en serie y los circuitos paralelos

Pág. 26: En un circuito en serie, las cargas están conectadas a un mismo lazo.

Pág. 27: En un circuito paralelo, las cargas están conectadas en línea una al lado de la otra.

Pág. 28: los fusibles y los disyuntores

Capítulo 2 Electromagnetismo

Sección 1

Pág. 40: Un imán es todo material que atrae el hierro u objetos que contienen hierro.

Pág. 41: Los polos de los imanes son idénticos.

Pág. 42: Porque los campos magnéticos de los átomos individuales se anulan mutuamente.

Pág. 43: Dejar caer un imán, golpearlo, colocarlo en un campo magnético fuerte y opuesto, o aumentar su temperatura puede hacer que el imán pierda sus propiedades magnéticas.

Pág. 44: Los ferromagnetos son imanes formados por hierro, níquel, cobalto o mezclas de esos metales.

Pág. 46: Los científicos creen que el campo magnético de la Tierra está formado por el movimiento de las cargas eléctricas del núcleo externo líquido de la Tierra.

Sección 2

Pág. 49: Es la interacción entre la electricidad y el magnetismo.

Pág. 50: El campo magnético se hace más fuerte.

Pág. 51: La corriente eléctrica crea un campo magnético que ejerce una fuerza sobre la aguja de la brújula y la hace mover.

Pág. 53: la corriente eléctrica

Sección 3

Pág. 54: Faraday intentaba inducir una corriente eléctrica en un alambre mediante el uso del campo magnético de un electroimán.

Pág. 56: En un generador eléctrico la energía mecánica se transforma en energía eléctrica.

Pág. 57: La reacción nuclear, los combustibles fósiles y el viento son fuentes de energía que se usan para generar energía eléctrica.

Pág. 58: Un transformador aumenta o disminuye el voltaje de la corriente alterna.

Capítulo 3 Tecnología electrónica

Sección 1

Pág. 71: Al adulterar un semiconductor, se modifica su conductividad.

Pág. 72: Un diodo permite que la corriente se transfiera sólo en una dirección, por lo tanto, bloquea la corriente en la dirección opuesta.

Pág. 73: NPN y PNP

Pág. 74: Los aparatos que usan circuitos integrados son más pequeños y funcionan a mayor velocidad.

Sección 2

Pág. 77: Una señal análoga es una señal cuyas propiedades cambian continuamente en un rango determinado.

Pág. 79: El sonido de una grabación digital puede ser más similar al sonido original si se toman más muestras por segundo.

Pág. 81: señales análogas y señales digitales

Pág. 82: Porque la pantalla de plasma no usa tubos de electrones para activar los materiales fluorescentes. En cambio, cada celda diminuta que los contiene, se activa individualmente.

Sección 3

Pág. 84: entrada, procesamiento, almacenamiento y salida

Pág. 85: Un microprocesador es un chip único de un semiconductor que controla y ejecuta las instrucciones de una microcomputadora.

Pág. 86: unidad central de procesamiento

Pág. 89: el software del sistema operativo y el software de aplicación

Pág. 90: Respuesta posible: La World Wide Web es un conjunto de páginas con un formato que puede visualizarse en cualquier computadora.

Destrezas de estudio

Instrucciones para crear notas plegadas

¿Alguna vez te ha pasado que te pones a estudiar para un examen o una prueba pero no sabes por dónde empezar? ¿O que lees un capítulo y descubres que sólo recuerdas algunas ideas? ¡Las notas plegadas son una herramienta divertida e interesante que te ayudará a aprender y recordar las ideas con las que te encuentras al estudiar ciencias!

Las notas plegadas son herramientas que puedes usar para organizar conceptos. Al concentrarse en unos pocos conceptos principales, sirven para aprender y recordar cómo se relacionan los conceptos entre sí. Pueden servirte para ver el "panorama general". A continuación, encontrarás instrucciones para crear 10 tipos diferentes de notas plegadas.

Pirámide

1. Coloca una hoja de papel frente a ti. Dobla el extremo inferior izquierdo del papel en diagonal hacia el borde opuesto.
2. Recorta la pestaña de papel que se creó con el pliegue (en la parte superior).
3. Abre el papel para formar un cuadrado. Dobla el extremo inferior derecho del papel en diagonal hacia el lado opuesto para formar un triángulo.
4. Abre el papel. Las líneas de los dos dobleces habrán formado una X.
5. Con unas tijeras, corta a lo largo de una de las líneas. Comienza en cualquier esquina y detente en el punto central para crear dos pestañas. Con cinta adhesiva o pegamento, pega una de las pestañas encima de la otra.

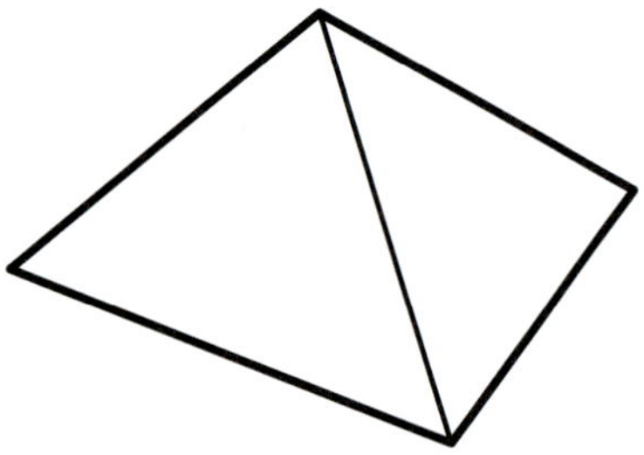

Apéndice

Puerta doble

1. Dobla una hoja de papel por la mitad desde la parte superior a la inferior. Luego, despliega el papel.
2. Dobla el borde superior e inferior del papel hasta la línea del doblez.

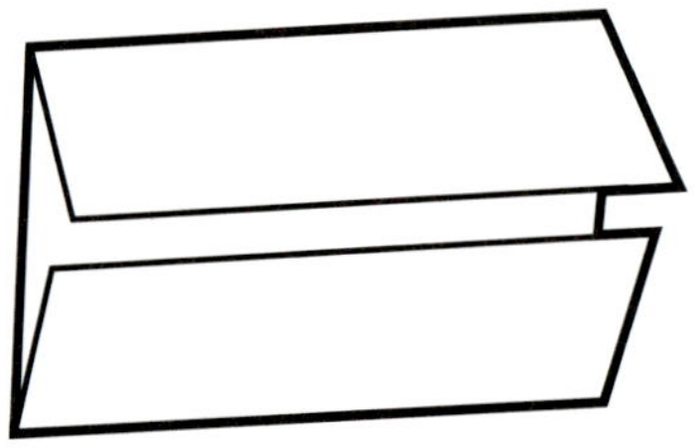

Cuadernillo

1. Dobla una hoja de papel por la mitad de izquierda a derecha. Luego, despliega el papel.
2. Dobla nuevamente la hoja de papel por la mitad desde la parte superior a la inferior. Luego, despliega el papel.
3. Vuelve a doblar la hoja de papel por la mitad de izquierda a derecha.
4. Dobla los bordes superior e inferior hacia el pliegue central.
5. Despliega completamente el papel.
6. Vuelve a doblar el papel de la parte superior a la inferior.
7. Con unas tijeras, haz un corte a lo largo de la línea del doblez central desde el borde doblado hasta las líneas de doblez que hiciste en el paso 4. No cortes toda la hoja por la mitad.
8. Dobla la hoja de papel por la mitad de izquierda a derecha. Mientras sostienes los bordes superior e inferior, empújalos al mismo tiempo para que el centro caiga dentro del corte central. Dobla las cuatro pestañas para formar un libro de cuatro páginas.

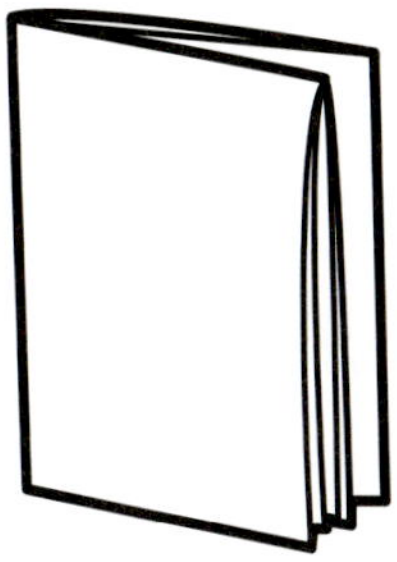

Cuaderno engrapado

1. Extiende una hoja de papel sobre otra. Desliza la hoja superior hacia arriba para que sobresalgan 2 cm de la hoja inferior.
2. Junta las dos hojas y dobla hacia abajo la parte superior de las dos para que veas cuatro pestañas de 2 cm a lo largo de la parte inferior de las hojas.
3. Engrapa la parte superior de las notas plegadas.

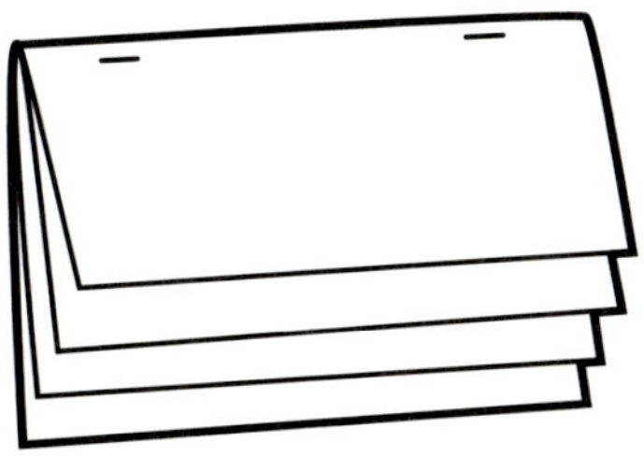

Pliego de términos clave

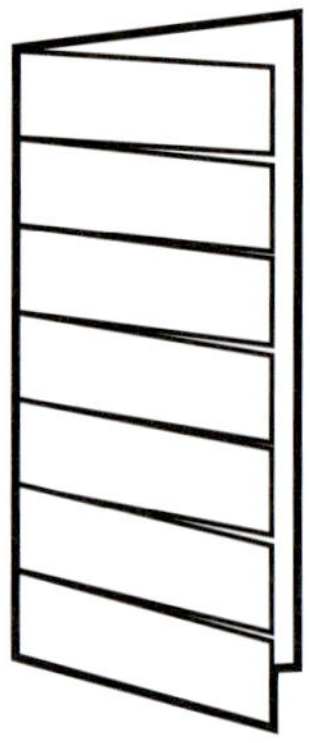

1. Dobla una hoja de cuaderno con renglones por la mitad de izquierda a derecha.
2. Con unas tijeras, corta a lo largo cada tres renglones desde el borde derecho del papel hasta el pliego central, para hacer las pestañas.

Pliego de cuatro pestañas

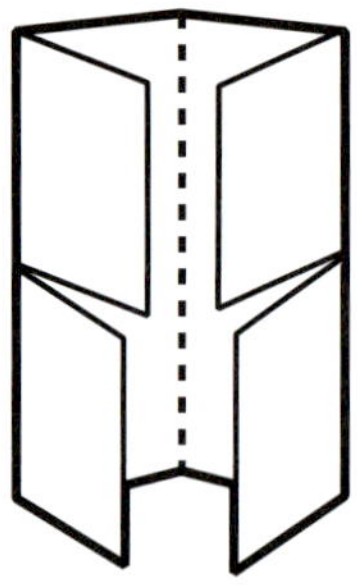

1. Dobla una hoja de papel por la mitad de izquierda a derecha. Luego, despliega el papel.
2. Dobla cada lado del papel hacia la línea de doblez que quedó en el centro.
3. Dobla el papel por la mitad de la parte superior a la inferior. Luego, despliega el papel.
4. Con unas tijeras, corta los pliegues superiores de la pestaña que hiciste en el paso 3 para formar cuatro pestañas.

Rotafolio de tres paneles

1. Dobla un trozo de papel por la mitad desde la parte superior a la inferior.
2. Dobla el papel en tercios de lado a lado. Luego, despliega el papel para que puedas ver las tres secciones.
3. Desde la parte superior del papel, corta a lo largo de cada una de las líneas verticales del pliego hasta el doblez central. Ahora tendrás tres pestañas.

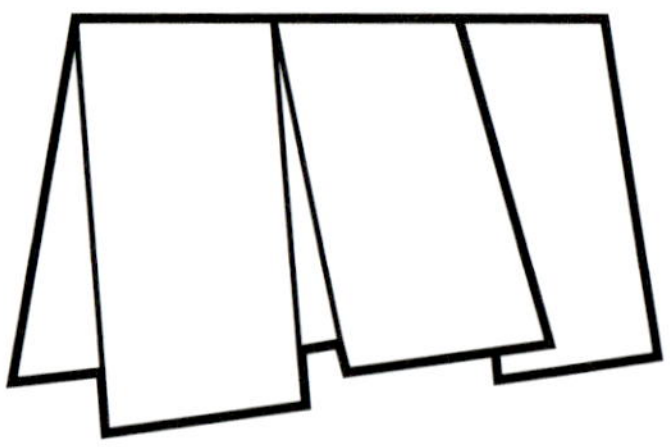

Tabla plegada

1. Dobla un trozo de papel por la mitad de la parte superior a la inferior. Luego, dobla el papel nuevamente por la mitad.
2. Dobla el papel en tercios de lado a lado.
3. Despliega completamente el papel. Con una lapicera o un lápiz, traza con cuidado las líneas de los dobleces.

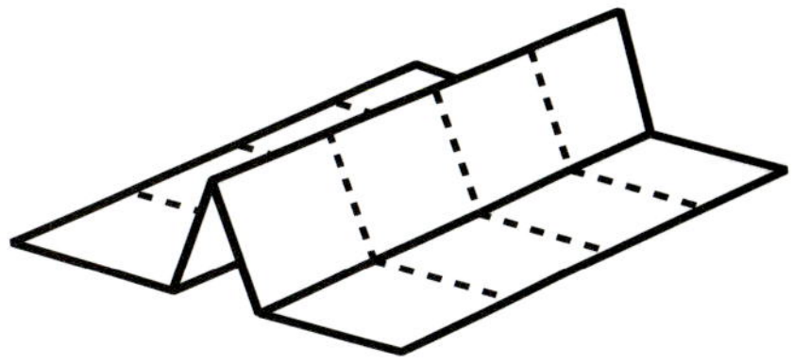

Rotafolio de dos paneles

1. Dobla un trozo de papel por la mitad desde la parte superior a la inferior.
2. Dobla el papel por la mitad de lado a lado. Luego despliega el papel para que puedas ver las dos secciones.
3. Desde la parte superior del papel, corta a lo largo del pliegue vertical hasta el pliegue central. Ahora tendrás dos pestañas.

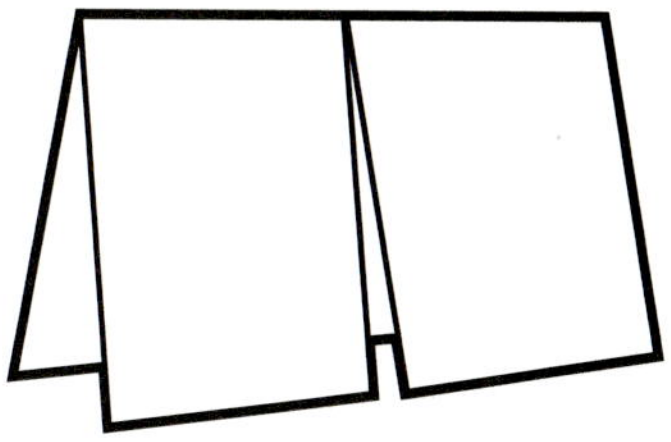

Tríptico

1. Dobla un trozo de papel en tercios de la parte superior a la inferior.
2. Despliega el papel para que puedas ver las tres secciones. Luego, coloca el papel de costado para que las tres secciones formen columnas verticales.
3. Con una lapicera o un lápiz, traza las líneas de los dobleces. Escribe en las columnas los rótulos "Lo que sé", "Lo que quiero saber" y "Lo que aprendí".

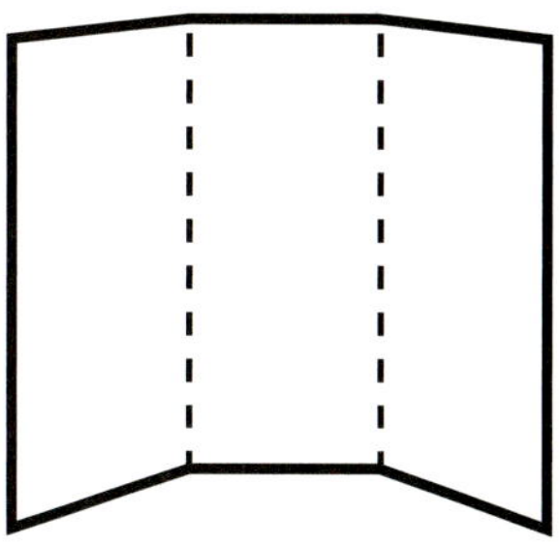

Instrucciones para crear un organizador gráfico

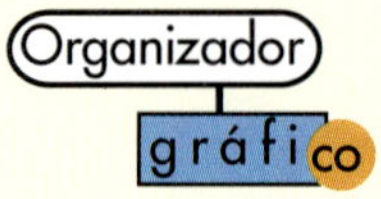

¿Alguna vez has deseado "dibujar" los distintos conceptos que aprendes en tu clase de ciencias? A veces, ver cómo se relacionan los conceptos te sirve para recordar mejor lo que aprendiste. ¡Y para eso están los organizadores gráficos! Te ofrecen una manera de dibujar u organizar los conceptos.

Lo único que hace falta para crear un organizador gráfico es una hoja de papel y un lápiz. A continuación, encontrarás las instrucciones para crear cuatro tipos de organizadores gráficos, diseñados para ayudarte a organizar los conceptos que aprenderás en este libro.

Mapa tipo araña

1. Dibuja un diagrama como el que se muestra a la derecha. En el círculo, escribe el tema principal.
2. Dibuja varias patas que salgan del círculo para representar las diferentes categorías del tema principal. Puedes poner todas las categorías que quieras.
3. Dibuja líneas horizontales que salgan de cada pata, o categoría. Mientras lees el capítulo, escribe detalles acerca de cada categoría sobre las líneas horizontales.

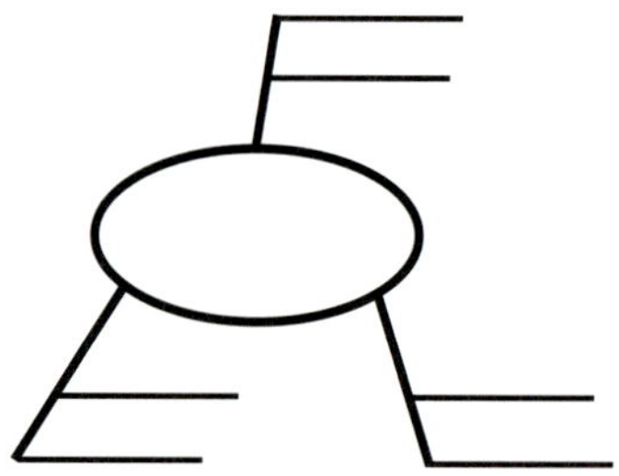

Tabla de comparaciones

1. Dibuja una tabla como la que se muestra a la derecha. Puede tener todas las columnas y filas que quieras.
2. En la fila de arriba, escribe los temas que quieres comparar.
3. En la columna de la izquierda, escribe características de los temas que quieres comparar. Mientras lees el capítulo, completa las características de cada tema en las casillas apropiadas.

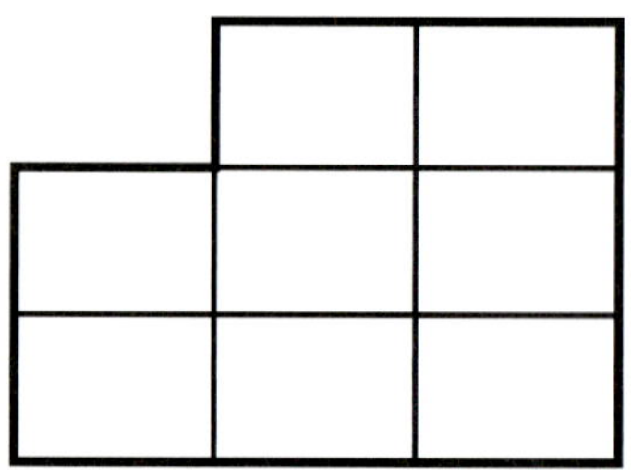

Diagrama cronológico de sucesos

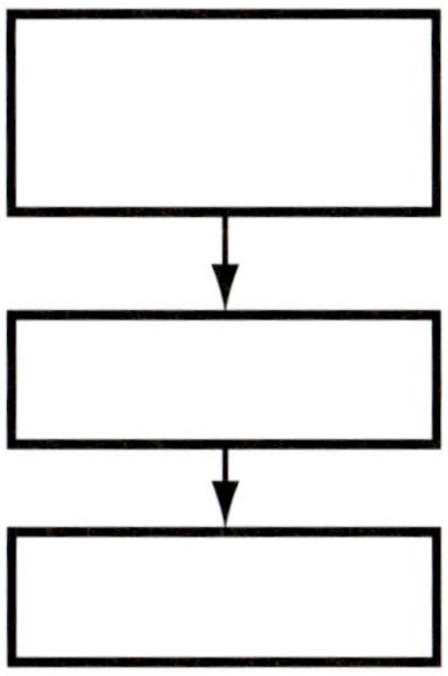

1. Dibuja un recuadro. Dentro del recuadro, escribe el primer paso de un proceso o el primer suceso de una cronología.
2. Debajo de este recuadro, dibuja otro y une ambos con una flecha. En el segundo recuadro, escribe el siguiente paso del proceso o el siguiente suceso de la cronología.
3. Sigue agregando recuadros hasta que termine el proceso o la cronología.

Mapa de conceptos

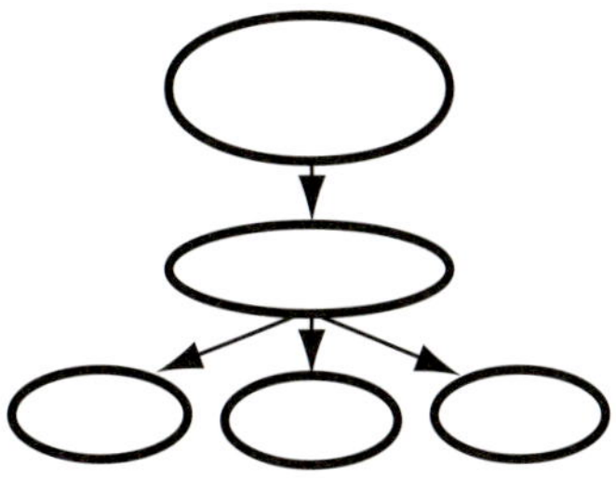

1. Dibuja un círculo en el centro de una hoja de papel. Escribe la idea principal del capítulo en el centro del círculo.
2. Dibuja otros círculos que salgan del principal. En ellos escribe características de la idea principal. Traza flechas que vayan desde el círculo central hasta los círculos que contienen las características.
3. Dibuja otros círculos que salgan desde cada círculo que contiene una característica. En ellos escribe detalles específicos de cada característica. Traza flechas que vayan desde cada círculo que contiene una característica hasta los círculos que contienen sus detalles específicos. Puedes dibujar todos los círculos que quieras.

Medidas del SI

El Sistema Internacional de Unidades, o SI, es el sistema de medidas estándar usado por muchos científicos. Usar el mismo sistema de medidas facilita la comunicación entre todos los científicos.

El SI funciona combinando prefijos y unidades básicas. Cada unidad básica puede usarse con diferentes prefijos para definir cantidades más pequeñas y más grandes. En la siguiente tabla, se enumeran los prefijos más comunes del SI.

Prefijos del SI

Prefijo	Símbolo	Factor	Ejemplo
kilo-	k	1,000	kilogramo, 1 kg = 1,000 g
hecto-	h	100	hectolitro, 1 hL = 100 L
deca-	da	10	decámetro, 1 dam = 10 m
		1	metro, litro, gramo
deci-	d	0.1	decigramo, 1 dg = 0.1 g
centi-	c	0.01	centímetro, 1 cm = 0.01 m
mili-	m	0.001	mililitro, 1 mL = 0.001 L
micro-	μ	0.000 001	micrómetro, 1 μm = 0.000 001 m

Tabla de conversión del SI

Unidades del SI	Del SI al sistema inglés	Del sistema inglés al SI
Longitud		
kilómetro (km) = 1,000 m	1 km = 0.621 mi	1 mi = 1.609 km
metro (m) = 100 cm	1 m = 3.281 pies	1 pie = 0.305 m
centímetro (cm) = 0.01 m	1 cm = 0.394 pulg	1 pulg = 2.540 cm
milímetro (mm) = 0.001 m	1 mm = 0.039 pulg	
micrómetro (μm) = 0.000 001 m		
nanómetro (nm) = 0.000 000 001 m		
Área		
kilómetro cuadrado (km^2) = 100 hectáreas	1 km^2 = 0.386 mi^2	1 mi^2 = 2.590 km^2
hectárea (ha) = 10,000 m^2	1 ha = 2.471 acres	1 acre = 0.405 ha
metro cuadrado (m^2) = 10,000 cm^2	1 m^2 = 10.764 $pies^2$	1 pie^2 = 0.093 m^2
centímetro cuadrado (cm^2) = 100 mm^2	1 cm^2 = 0.155 $pulg^2$	1 $pulg^2$ = 6.452 cm^2
Volumen		
litro (L) = 1,000 mL = 1 dm^3	1 L = 1.057 cto. de galón líq.	1 cto. de galón líq. = 0.946 L
mililitro (mL) = 0.001 L = 1 cm^3	1 mL = 0.034 oz líq.	1 oz líq. = 29.574 mL
microlitro (μL) = 0.000 001 L		
Masa		
kilogramo (kg) = 1,000 g	1 kg = 2.205 lb	1 lb = 0.454 kg
gramo (g) = 1,000 mg	1 g = 0.035 oz	1 oz = 28.350 g
miligramo (mg) = 0.001 g		
microgramo (μg) = 0.000 001 g		

Nota: Las abreviaturas de las unidades del SI son iguales en inglés y en español. Sin embargo, algunas unidades del sistema inglés tienen abreviaturas diferentes. Te resultará útil recordar las siguientes abreviaturas:

Unidad	Abreviatura en español	Abreviatura en inglés
pulgada	pulg	in.
pie	pie	ft
cuarto de galón líquido	cto. de galón líq.	fl qt
onza líquida	oz líq.	fl oz

Escalas de temperatura

La temperatura se puede expresar usando tres escalas diferentes: Fahrenheit, Celsius y Kelvin. La unidad del SI para la temperatura es el grado Kelvin (K). Si bien 0 K es mucho más frío que 0°C, un cambio de 1 K equivale a un cambio de 1°C.

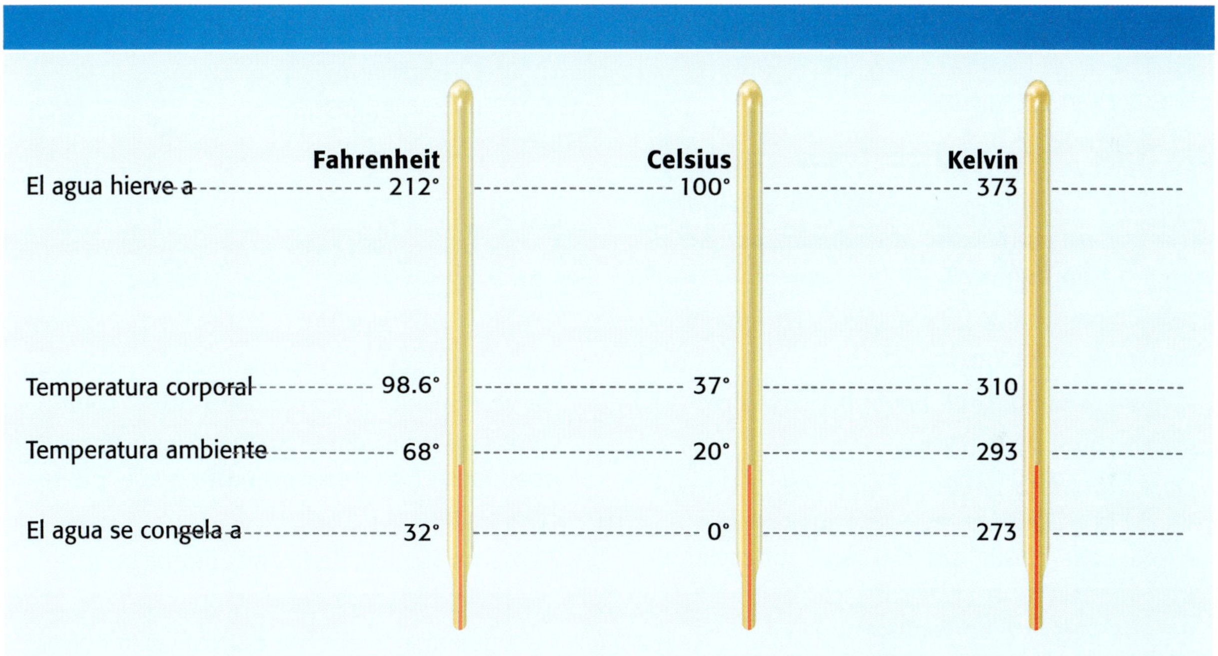

Tabla de conversión de temperatura		
Para convertir	**Aplica esta ecuación:**	**Ejemplo**
de Celsius a Fahrenheit °C → °F	$°F = \left(\frac{9}{5} \times °C\right) + 32$	Convierte 45°C a °F. $°F = \left(\frac{9}{5} \times 45°C\right) + 32 = 113°F$
de Fahrenheit a Celsius °F → °C	$°C = \frac{5}{9} \times (°F - 32)$	Convierte 68°F a °C. $°C = \frac{5}{9} \times (68°F - 32) = 20°C$
de Celsius a Kelvin °C → K	$K = °C + 273$	Convierte 45°C a K. $K = 45°C + 273 = 318\ K$
de Kelvin a Celsius K → °C	$°C = K - 273$	Convierte 32 K a °C. $°C = 32\ K - 273 = -241°C$

Destrezas de medición

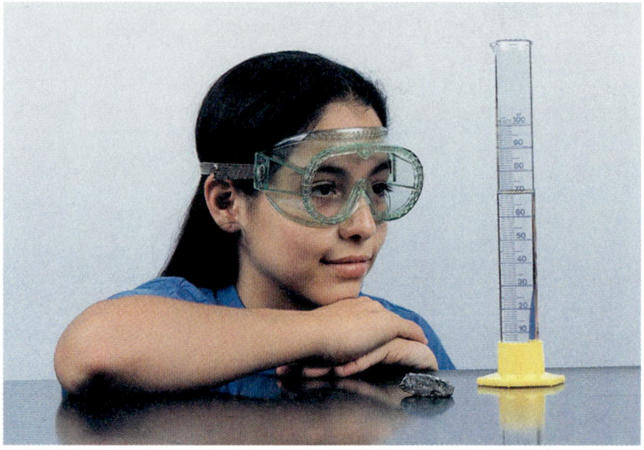

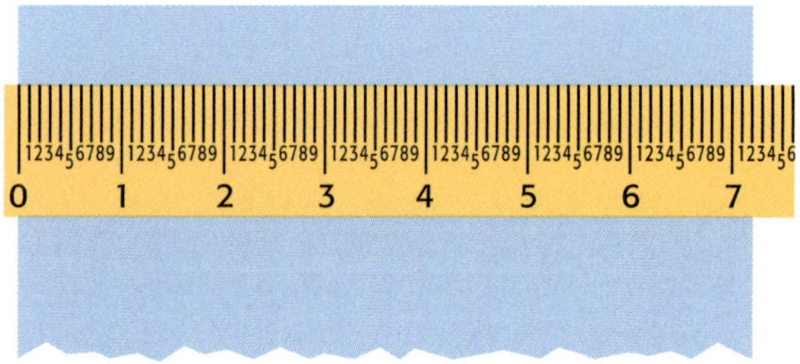

Usar una probeta

Cuando midas el volumen con una probeta, recuerda seguir los procedimientos que se indican a continuación:

1. Coloca la probeta sobre una superficie plana y horizontal antes de medir un líquido.
2. Colócate de forma que tengas los ojos al nivel de la superficie del líquido.
3. Lee la marca más cercana al nivel del líquido. En las probetas de vidrio, lee la marca más cercana al centro de la curva que se forma en la superficie del líquido.

Usar una vara o una regla métrica

Cuando midas longitudes con una vara o una regla métrica, recuerda seguir los procedimientos que se indican a continuación:

1. Apoya la regla firmemente sobre el objeto que estás midiendo.
2. Alinea exactamente un borde del objeto con el extremo 0 de la regla.
3. Observa el otro borde del objeto para ver cuál de las marcas de la regla está más cerca. (Nota: cada barrita que hay entre los centímetros representa un milímetro, es decir, una décima parte de un centímetro.)

Usar una balanza de tres brazos

Cuando midas la masa con una balanza de tres brazos, recuerda seguir los procedimientos que se indican a continuación:

1. Asegúrate de que la balanza esté sobre una superficie horizontal.
2. Coloca todos los contrapesos en 0. Ajusta la perilla de la balanza hasta que el puntero quede en 0.
3. Coloca el objeto que quieres pesar sobre el platillo. **Precaución:** no coloques objetos calientes ni compuestos químicos directamente sobre el platillo de la balanza.
4. Mueve el contrapeso más grande a lo largo del brazo hacia la derecha hasta que llegue a la última muesca que no haga inclinar la balanza. Sigue el mismo procedimiento con el contrapeso que le sigue en tamaño. Luego, mueve el contrapeso más pequeño hasta que el puntero quede en 0.
5. Suma las lecturas de los tres brazos para determinar la masa del objeto.
6. Para determinar la masa de cristales o polvos, halla primero la masa de un trozo de papel de filtro. Luego, agrega los cristales o el polvo al papel y vuelve a medir. La masa real de los cristales o del polvo es la masa total menos la masa del papel. Para determinar la masa de un líquido, halla primero la masa del recipiente vacío. Luego, halla la masa combinada del líquido y el recipiente. La masa del líquido es la masa total menos la masa del recipiente.

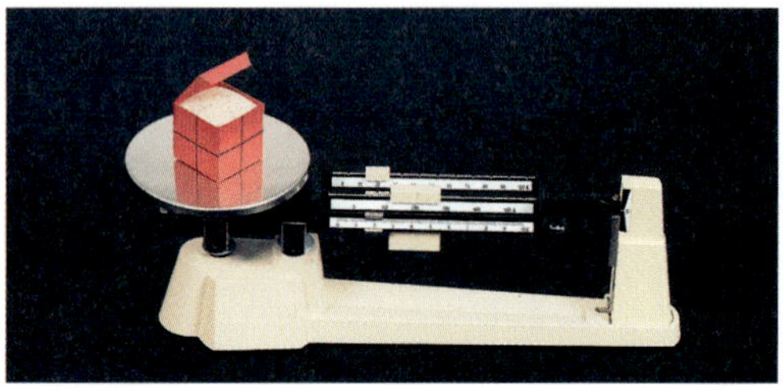

Métodos científicos

Los **métodos científicos** son las maneras en que los científicos contestan preguntas y resuelven problemas. A menudo, los científicos siguen los mismos pasos cuando buscan respuestas. Sin embargo, hay más de una manera de seguir estos pasos. Durante una investigación, los científicos pueden seguir todos los pasos o sólo algunos. Incluso pueden repetir algunos pasos. El objetivo de usar los métodos científicos es obtener respuestas y soluciones confiables.

Los seis pasos de los métodos científicos

1 Hacer una pregunta

Las buenas preguntas provienen de la **observación** cuidadosa. Haces observaciones cuando usas tus sentidos para reunir información. Algunas veces puedes usar instrumentos, como microscopios y telescopios, para ampliar el rango de tus sentidos. Al observar la naturaleza, descubrirás que tienes muchas más preguntas que respuestas. Estas preguntas son las que generan las investigaciones.

Las preguntas que comienzan con *qué, por qué, cómo* y *cuándo* son importantes para centrar una investigación. Aquí se da un ejemplo de una pregunta que podría llevar a una investigación:

Pregunta: ¿Cómo afecta la lluvia ácida al crecimiento de las plantas?

2 Formular una hipótesis

Después de hacer una pregunta, debes formular una **hipótesis.** Una hipótesis es una afirmación que esperas que sea la respuesta a tu pregunta. Representa tu mejor "suposición fundamentada", basada en lo que has observado y en lo que ya sabes. Una buena hipótesis es verificable. De lo contrario, la investigación no puede continuar. Aquí se da el ejemplo de una hipótesis basada en la pregunta: "¿Cómo afecta la lluvia ácida al crecimiento de las plantas?".

Hipótesis: La lluvia ácida retrasa el crecimiento de las plantas.

La hipótesis puede llevar a hacer predicciones. Una predicción es el resultado que esperas obtener de tu experimento o de la recolección de datos. Por lo general, las predicciones se expresan en formato de "Si..., entonces...". Aquí se da un ejemplo de una predicción para la hipótesis de que la lluvia ácida retrasa el crecimiento de las plantas.

Predicción: Si se riega una planta sólo con lluvia ácida (que tiene un pH de 4), entonces la planta crecerá a la mitad de su velocidad normal.

3 Comprobar la hipótesis

Después de haber formulado una hipótesis y haber hecho una predicción, debes comprobar tu hipótesis. Una forma de comprobar una hipótesis es mediante un experimento controlado. Un **experimento controlado** pone a prueba sólo un factor a la vez. En un experimento para verificar el efecto de la lluvia ácida sobre el crecimiento de las plantas, se debe regar el **grupo de control** con agua de lluvia normal. El **grupo experimental** debe regarse con lluvia ácida. Todas las plantas deben recibir a diario la misma cantidad de luz solar y agua. La temperatura del aire debe ser la misma para todos los grupos. Sin embargo, la acidez del agua debe ser una variable. De hecho, cualquier factor que sea distinto entre un grupo y el otro se llama **variable.** Si tu hipótesis es correcta, entonces la acidez del agua y el crecimiento de las plantas son *variables dependientes.* El crecimiento de una planta depende de la acidez del agua. Sin embargo, la cantidad de agua y la cantidad de luz que recibe cada planta son *variables independientes.* Cualquiera de estos factores puede cambiar sin afectar al otro.

A veces, la naturaleza de una investigación hace que sea imposible realizar un experimento controlado. Por ejemplo, el núcleo de la Tierra está rodeado por miles de metros de roca. En esas circunstancias, se puede comprobar una hipótesis mediante observaciones detalladas.

4 Analizar los resultados

Después de haber completado tus experimentos, hacer tus observaciones y recopilar los datos, debes analizar toda la información que has reunido. En este paso suelen usarse tablas y gráficas para organizar los datos.

5 Sacar conclusiones

Después de analizar los datos que reuniste, puedes determinar si los resultados confirman tu hipótesis. Si es así, puedes optar (tú mismo u otros) por repetir las observaciones o experimentos para verificar los resultados. Si los datos no confirman tu hipótesis, quizá tengas que verificar tu procedimiento para descartar errores. Incluso es posible que tengas que desechar tu hipótesis y formular una nueva. Si no puedes sacar una conclusión a partir de tus resultados, quizá debas repetir la investigación o hacer más observaciones o experimentos.

6 Comunicar los resultados

Después de realizar cualquier investigación científica, debes informar sobre los resultados que obtuviste. Al preparar un informe escrito u oral, permites que los demás sepan lo que has averiguado. Es posible que otros científicos repitan tu investigación para ver si obtienen los mismos resultados. Incluso puede ser que tu informe conduzca a otra pregunta y luego a otra investigación.

Los métodos científicos en acción

Los métodos científicos contienen circuitos cerrados en los que varios pasos se pueden repetir muchas veces. En algunos casos, ciertos pasos son innecesarios. En consecuencia, no existe una "línea recta" de pasos a seguir. Por ejemplo, a veces los científicos descubren que la comprobación de una hipótesis da lugar a nuevas preguntas e hipótesis que hay que verificar. Y algunas veces, comprobar la hipótesis conduce directamente a una conclusión. Además, los pasos en los métodos científicos no se siguen siempre en el mismo orden. Sigue los pasos del diagrama y observa en cuántas direcciones diferentes pueden llevarte los métodos científicos.

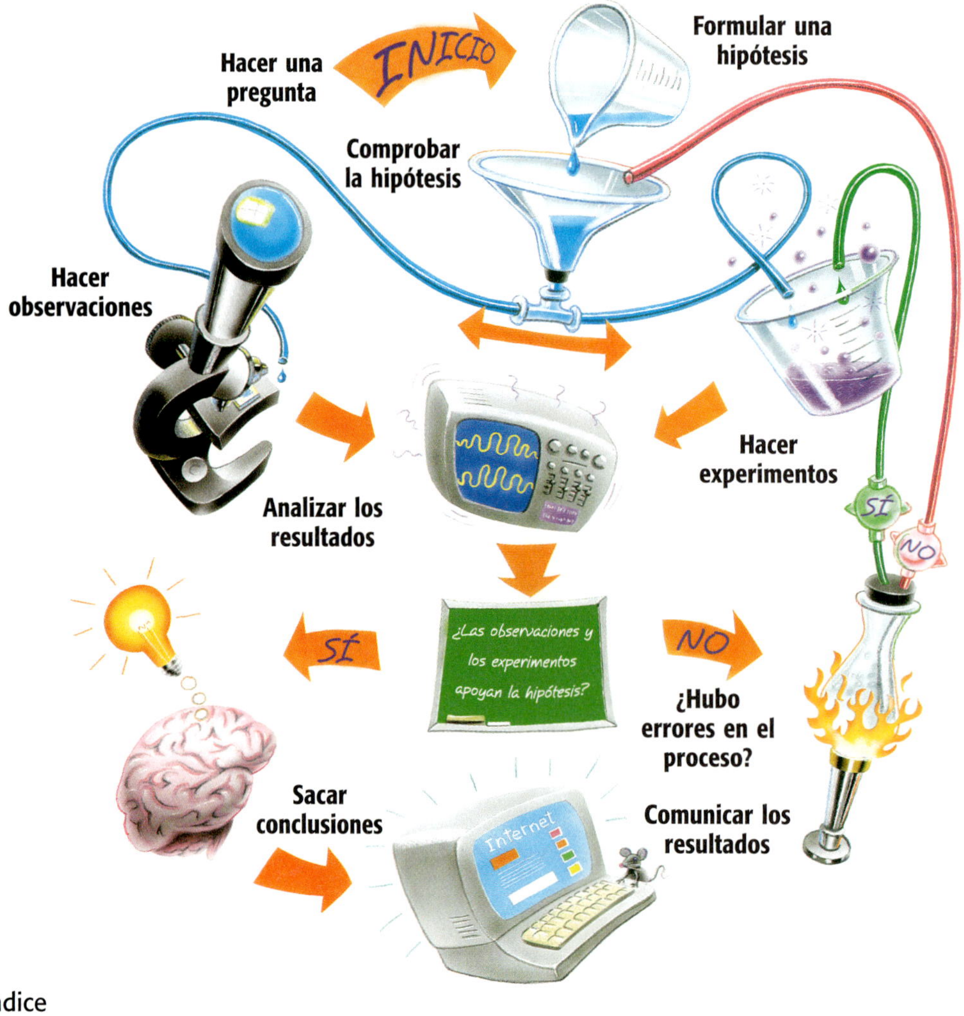

Hacer tablas y gráficas

Gráfica circular

Las gráficas circulares muestran cómo cada grupo de datos se relaciona con la totalidad de los datos. Cada una de las partes del círculo que forma la gráfica representa una categoría de datos. El círculo entero representa la totalidad de los datos. Por ejemplo, al estudiar un bosque de árboles de madera dura en Wisconsin, un biólogo descubrió que había cinco clases diferentes de árboles. La tabla de datos de la derecha resume las conclusiones del biólogo.

Árboles de madera dura de Wisconsin

Tipo de árbol	Número de árboles
Roble	600
Arce	750
Haya	300
Abedul	1,200
Nogal americano	150
Total	3,000

Cómo hacer una gráfica circular

1. Para hacer una gráfica circular con estos datos, primero hay que hallar el porcentaje de cada tipo de árbol. Divide el número de árboles de cada tipo por el número total de árboles y luego multiplícalo por 100.

$$\frac{600 \text{ robles}}{3{,}000 \text{ árboles}} \times 100 = 20\%$$

$$\frac{750 \text{ arces}}{3{,}000 \text{ árboles}} \times 100 = 25\%$$

$$\frac{300 \text{ hayas}}{3{,}000 \text{ árboles}} \times 100 = 10\%$$

$$\frac{1{,}200 \text{ abedules}}{3{,}000 \text{ árboles}} \times 100 = 40\%$$

$$\frac{150 \text{ nogales}}{3{,}000 \text{ árboles}} \times 100 = 5\%$$

2. Ahora hay que determinar el tamaño de las secciones que forman la gráfica circular. Multiplica cada porcentaje por 360º. Recuerda que un círculo tiene 360º.

$20\% \times 360° = 72°$ $\quad 25\% \times 360° = 90°$

$10\% \times 360° = 36°$ $\quad 40\% \times 360° = 144°$

$5\% \times 360° = 18°$

3. Verifica que la suma de los porcentajes sea 100 y que la suma de los grados sea 360.

$20\% + 25\% + 10\% + 40\% + 5\% = 100\%$

$72° + 90° + 36° + 144° + 18° = 360°$

4. Con un compás, traza un círculo y marca su centro.
5. Luego, con un transportador, marca en el círculo ángulos de 72º, 90º, 36º, 144º y 18º.
6. Por último, escribe un título apropiado en cada parte de la gráfica.

Árboles de madera dura de una comunidad de Wisconsin

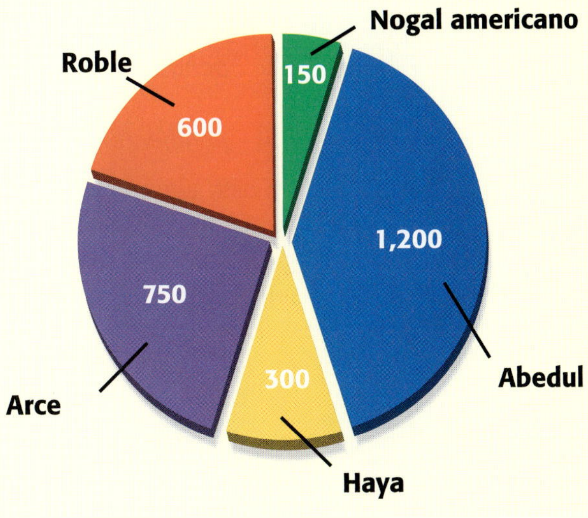

Apéndice

Gráfica lineal

Las gráficas lineales se usan con frecuencia para demostrar un cambio continuo. Por ejemplo, los estudiantes del Sr. Smith analizaron los registros de población de su ciudad, Appleton, entre 1900 y 2000. Examina los datos de la derecha

Dado que el año y la población cambian, éstas son las *variables.* La población está determinada por el año, es decir, depende de éste. En consecuencia, la población es la **variable dependiente,** mientras que el año es la **variable independiente.** Cada conjunto de datos se llama **par de datos.** Para hacer una gráfica lineal, primero hay que organizar los pares de datos en una tabla como la que se muestra a la derecha.

Población de Appleton, 1900–2000

Año	Población
1900	1,800
1920	2,500
1940	3,200
1960	3,900
1980	4,600
2000	5,300

Cómo hacer una gráfica lineal

1. Coloca la variable independiente a lo largo del eje horizontal *(x).* Coloca la variable dependiente a lo largo del eje vertical *(y).*
2. Escribe los rótulos "Año" sobre el eje *x* y "Población" sobre el eje *y.* Observa los valores mayor y menor de población. Para el eje *y,* establece una escala que ofrezca suficiente espacio para mostrar estos valores. Debes usar la misma escala para toda la longitud del eje. A continuación, halla una escala apropiada para el eje *x.*
3. Elige puntos iniciales razonables para cada eje.
4. Traza los puntos correspondientes a los pares de datos con la mayor exactitud posible.
5. Elige un título que represente los datos con exactitud.

Población de Appleton, 1999–2000

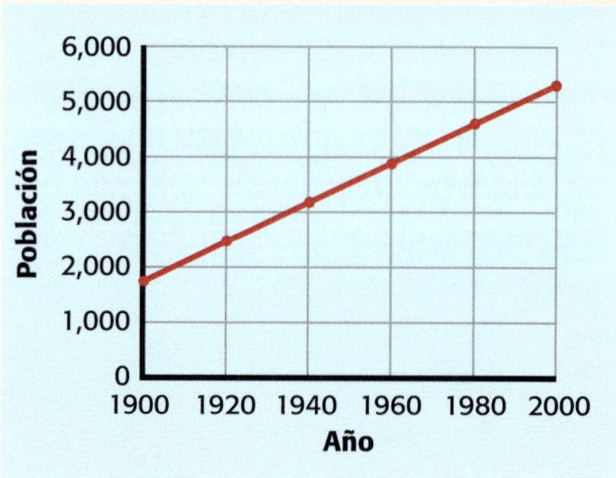

Cómo determinar la pendiente

La pendiente es la relación entre el cambio en el valor del eje *y* y el cambio en el valor del eje *x,* o "elevación sobre trayecto".

1. Elige dos puntos de la gráfica lineal. Por ejemplo, la población de Appleton en el año 2000 era de 5,300 personas. Por lo tanto, puedes definir el punto *a* como (2000; 5,300). En 1900, la población era de 1,800 personas. Puedes definir el punto *b* como (1900; 1,800).
2. Halla el cambio en el valor de *y.*
   (y en el punto *a)* − *(y* en el punto *b)* = 5,300 personas − 1,800 personas = 3,500 personas
3. Halla el cambio en el valor de *x.*
   (x en el punto *a)* − *(x* en el punto *b)* = 2000 − 1900 = 100 años
4. Calcula la pendiente de la gráfica dividiendo el cambio en *y* por el cambio en *x.*

$$pendiente = \frac{cambio\ en\ y}{cambio\ en\ x}$$

$$pendiente = \frac{\text{3,500 personas}}{\text{100 años}}$$

$$pendiente = \text{35 personas por año}$$

En este ejemplo, la población de Appleton aumentó en una cantidad fija por año. La gráfica que representa estos datos es una línea recta. Por lo tanto, la relación es **lineal.** Cuando la gráfica de un conjunto de datos no es una línea recta, la relación es **no lineal.**

Determinar la pendiente mediante el álgebra

También se puede aplicar la ecuación del paso 4 de la siguiente forma:

$$y = kx$$

donde *y* representa el cambio en el valor de *y*, *k* representa la pendiente y *x* representa el cambio en el valor de *x*.

$$pendiente = \frac{cambio\ en\ y}{cambio\ en\ x}$$

$$k = \frac{y}{x}$$

$$k \times x = \frac{y \times x}{x}$$

$$kx = y$$

Gráfica de barras

Las gráficas de barras sirven para ilustrar cambios que no son continuos. Estas gráficas se pueden usar para indicar tendencias cuando los datos abarcan un largo período. Un meteorólogo reunió los datos que se exponen aquí sobre las precipitaciones en Hartford (Connecticut) desde el 1 al 15 de abril de 1996 y los representó mediante una gráfica de barras.

Precipitaciones en Hartford (Connecticut) 1 al 15 de abril de 1996

Fecha	Precipitaciones (cm)	Fecha	Precipitaciones (cm)
1 de abril	0.5	9 de abril	0.25
2 de abril	1.25	10 de abril	0.0
3 de abril	0.0	11 de abril	1.0
4 de abril	0.0	12 de abril	0.0
5 de abril	0.0	13 de abril	0.25
6 de abril	0.0	14 de abril	0.0
7 de abril	0.0	15 de abril	6.50
8 de abril	1.75		

Cómo hacer una gráfica de barras

1. Usa una escala apropiada y un punto inicial razonable para cada eje.
2. Escribe un rótulo en cada eje y traza los datos.
3. Elige un título que represente los datos con exactitud.

Precipitaciones en Hartford (Connecticut) del 1 al 15 de abril de 1996

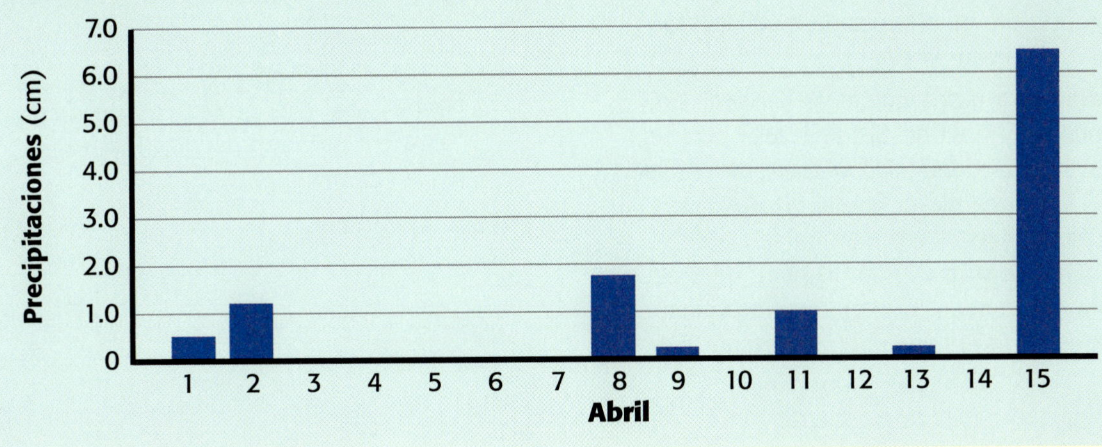

Repaso de matemáticas

Para entender las ciencias, es necesario comprender muchos conceptos matemáticos. Las siguientes páginas te ayudarán a repasar varias destrezas matemáticas importantes.

Promedio

El **promedio,** o **media,** simplifica un conjunto de números en un único número que *se aproxima* al valor del conjunto.

Ejemplo: Halla el promedio del siguiente conjunto de números: 5, 4, 7 y 8.

Paso 1: Halla la suma.

$$5 + 4 + 7 + 8 = 24$$

Paso 2: Divide la suma por la cantidad de números que hay en el conjunto. Como en este ejemplo hay cuatro números, divide la suma por 4.

$$\frac{24}{4} = 6$$

El promedio, o media, es **6.**

Razones

Una **razón** es una comparación entre números, que generalmente se escribe en forma de fracción.

Ejemplo: Halla la razón entre termómetros y estudiantes si hay 36 termómetros y 48 estudiantes en tu clase.

Paso 1: Escribe la razón.

$$\frac{36 \text{ termómetros}}{48 \text{ estudiantes}}$$

Paso 2: Reduce la fracción a su mínima expresión.

$$\frac{36}{48} = \frac{36 \div 12}{48 \div 12} = \frac{3}{4}$$

La razón entre termómetros y estudiantes es de **3 a 4,** o $\frac{3}{4}$. La razón también se puede expresar como 3:4.

Proporciones

Una **proporción** es una ecuación que expresa que dos razones son iguales.

$$\frac{3}{1} = \frac{12}{4}$$

Para resolver una proporción, primero multiplica de forma cruzada los números a ambos lados del signo igual. Esto se llama *multiplicación cruzada.* Si conoces tres de las cantidades de una proporción, puedes usar la multiplicación cruzada para hallar la cuarta.

Ejemplo: Imagina que estás haciendo un modelo a escala del Sistema Solar para tu proyecto de ciencias. El diámetro de Júpiter es 11.2 veces mayor que el diámetro de la Tierra. Si estás usando una pelota de espuma plástica con un diámetro de 2 cm para representar la Tierra, ¿cuál debe ser el diámetro de la pelota que representa Júpiter?

$$\frac{11.2}{1} = \frac{x}{2 \text{ cm}}$$

Paso 1: Multiplica de forma cruzada.

$$\frac{11.2}{1} \times \frac{x}{2}$$

$$11.2 \times 2 = x \times 1$$

Paso 2: Multiplica.

$$22.4 = x \times 1$$

Paso 3: Despeja la variable dividiendo ambos lados por 1.

$$x = \frac{22.4}{1}$$

$$x = 22.4 \text{ cm}$$

Debes usar una pelota con un diámetro de **22.4** cm para representar Júpiter.

Apéndice

Porcentajes

Un **porcentaje** es la relación entre un número dado y 100.

Ejemplo: ¿Cuánto es el 85% de 40?

Paso 1: Vuelve a escribir el porcentaje moviendo el punto decimal dos lugares hacia la izquierda.

0.85

Paso 2: Multiplica el decimal por el número cuyo porcentaje estás calculando.

$0.85 \times 40 = 34$

85% de 40 es **34.**

Decimales

Para **sumar** o **restar decimales,** alinea verticalmente los dígitos para que los puntos decimales coincidan. Luego, suma o resta las columnas de derecha a izquierda. Lleva números según sea necesario.

Ejemplo: Suma los siguientes números: 3.1415 y 2.96.

Paso 1: Alinea verticalmente los dígitos para que los puntos decimales coincidan.

$$\begin{array}{r} 3.1415 \\ +\ 2.96 \\ \hline \end{array}$$

Paso 2: Suma las columnas de derecha a izquierda, y llévate los números cuando sea necesario.

$$\begin{array}{r} {\scriptstyle 1\ 1} \\ 3.1415 \\ +\ 2.96 \\ \hline 6.1015 \end{array}$$

La suma es **6.1015.**

Fracciones

Los números indican cantidad; las **fracciones** indican *una parte de un entero.*

Ejemplo: Tu salón de clases tiene 24 plantas. Tu maestro te indica que coloques 5 de ellas a la sombra. ¿Qué fracción de las plantas de tu salón pondrás a la sombra?

Paso 1: En el denominador, escribe el número total de partes del entero.

$$\frac{?}{24}$$

Paso 2: En el numerador, escribe el número de partes del entero que se están considerando.

$$\frac{5}{24}$$

Por lo tanto, $\mathbf{\frac{5}{24}}$ de las plantas quedarán a la sombra.

Reducir fracciones

Por lo general, es mejor escribir una fracción en su mínima expresión. Esto se llama *reducir* una fracción.

Ejemplo: Reduce la fracción $\frac{30}{45}$ a su mínima expresión.

Paso 1: Halla el número entero más grande divisible tanto por el numerador como por el denominador. Este número se llama *máximo común divisor* (MCD; GCF en inglés).

Divisores del numerador 30:

1, 2, 3, 5, 6, 10, **15,** 30

Divisores del denominador 45:

1, 3, 5, 9, **15,** 45

Paso 2: Divide el numerador y el denominador por el MCD, que en este caso es 15.

$$\frac{30}{45} = \frac{30 \div 15}{45 \div 15} = \frac{2}{3}$$

Por lo tanto, $\frac{30}{45}$ reducido a su mínima expresión es $\mathbf{\frac{2}{3}}$.

Apéndice

Sumar y restar fracciones

Para **sumar** o **restar** fracciones que tienen el **mismo denominador,** simplemente suma o resta los numeradores.

Ejemplos:

$$\frac{3}{5} + \frac{1}{5} = ? \text{ y } \frac{3}{4} - \frac{1}{4} = ?$$

Paso 1: Suma o resta los numeradores.

$$\frac{3}{5} + \frac{1}{5} = \frac{4}{} \text{ y } \frac{3}{4} - \frac{1}{4} = \frac{2}{}$$

Paso 2: Escribe la suma o la diferencia sobre el denominador.

$$\frac{3}{5} + \frac{1}{5} = \frac{4}{5} \text{ y } \frac{3}{4} - \frac{1}{4} = \frac{2}{4}$$

Paso 3: Si es necesario, reduce la fracción a su mínima expresión.

$\mathbf{\frac{4}{5}}$ no se puede reducir y $\frac{2}{4} = \mathbf{\frac{1}{2}}$.

Para **sumar** o **restar fracciones** que tienen **distinto denominador,** halla primero el mínimo común denominador (mcd; LCD en inglés).

Ejemplos:

$$\frac{1}{2} + \frac{1}{6} = ? \text{ y } \frac{3}{4} - \frac{2}{3} = ?$$

Paso 1: Escribe las fracciones equivalentes que tienen un denominador común.

$$\frac{3}{6} + \frac{1}{6} = ? \text{ y } \frac{9}{12} - \frac{8}{12} = ?$$

Paso 2: Suma o resta las fracciones.

$$\frac{3}{6} + \frac{1}{6} = \frac{4}{6} \text{ y } \frac{9}{12} - \frac{8}{12} = \frac{1}{12}$$

Paso 3: Si es necesario, reduce la fracción a su mínima expresión.

La fracción $\frac{4}{6} = \mathbf{\frac{2}{3}}$, y $\mathbf{\frac{1}{12}}$ no se puede reducir.

Multiplicar fracciones

Para **multiplicar fracciones,** multiplica por un lado los numeradores y por otro los denominadores y luego reduce la fracción a su mínima expresión.

Ejemplo:

$$\frac{5}{9} \times \frac{7}{10} = ?$$

Paso 1: Multiplica los numeradores y los denominadores.

$$\frac{5}{9} \times \frac{7}{10} = \frac{5 \times 7}{9 \times 10} = \frac{35}{90}$$

Paso 2: Reduce la fracción.

$$\frac{35}{90} = \frac{35 \div 5}{90 \div 5} = \mathbf{\frac{7}{18}}$$

Dividir fracciones

Para **dividir fracciones,** primero vuelve a escribir el divisor (el número por el que divides) en forma invertida. Este número se llama el *recíproco* del divisor. Luego, multiplica y reduce si es necesario.

Ejemplo:

$$\frac{5}{8} \div \frac{3}{2} = ?$$

Paso 1: Vuelve a escribir el divisor como su recíproco.

$$\frac{3}{2} \rightarrow \frac{2}{3}$$

Paso 2: Multiplica las fracciones.

$$\frac{5}{8} \times \frac{2}{3} = \frac{5 \times 2}{8 \times 3} = \frac{10}{24}$$

Paso 3: Reduce la fracción.

$$\frac{10}{24} = \frac{10 \div 2}{24 \div 2} = \mathbf{\frac{5}{12}}$$

Apéndice

Notación científica

La **notación científica** es una manera breve de representar números muy grandes y muy pequeños sin escribir todos los ceros.

Ejemplo: Escribe 653,000,000 en notación científica.

Paso 1: Escribe el número sin los ceros.

653

Paso 2: Coloca el punto decimal después del primer dígito.

6.53

Paso 3: Halla el exponente contando el número de lugares que moviste el punto decimal.

6.53000000

El punto decimal se movió ocho lugares hacia la izquierda. Por lo tanto, el exponente de 10 es 8 positivo. Si hubieras movido el punto decimal a la derecha, el exponente habría sido negativo.

Paso 4: Escribe el número en notación científica.

$\mathbf{6.53 \times 10^8}$

Área

El **área** es el número de unidades cuadradas necesarias para cubrir la superficie de un objeto.

Fórmulas:

área de un cuadrado = *lado* × *lado*
área de un rectángulo = *largo* × *ancho*
área de un triángulo = $\frac{1}{2}$ × *base* × *altura*

Ejemplos: Halla el área.

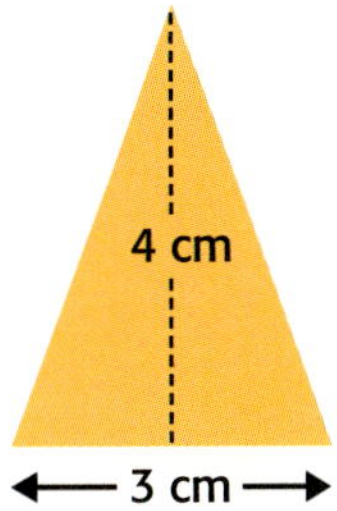

Triángulo

área = $\frac{1}{2}$ × *base* × *altura*

área = $\frac{1}{2}$ × 3 cm × 4 cm

área = **6 cm²**

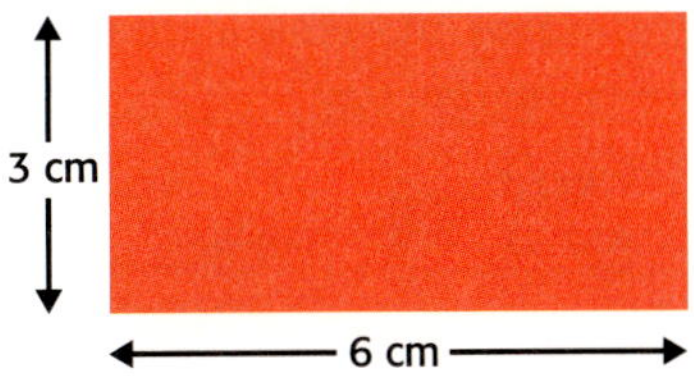

Rectángulo

área = *largo* × *ancho*
área = 6 cm × 3 cm
área = **18 cm²**

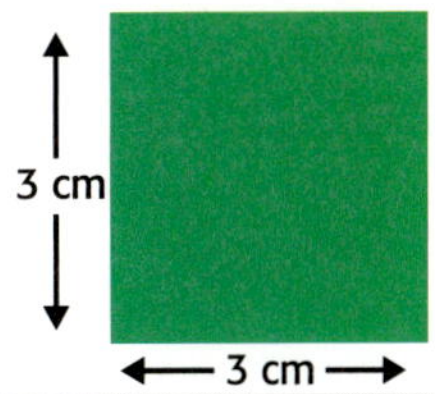

Cuadrado

área = *lado* × *lado*
área = 3 cm × 3 cm
área = **9 cm²**

Volumen

El **volumen** es la cantidad de espacio que ocupa un objeto.

Fórmulas:

volumen de un cubo = *lado* × *lado* × *lado*

volumen de un prisma = *área de la base* × *altura*

Ejemplos:

Halla el volumen de los cuerpos geométricos.

Cubo

volumen = *lado* × *lado* × *lado*
volumen = 4 cm × 4 cm × 4 cm
volumen = **64 cm³**

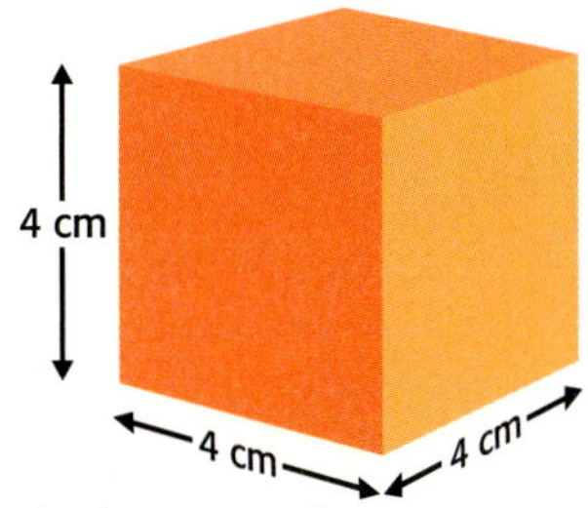

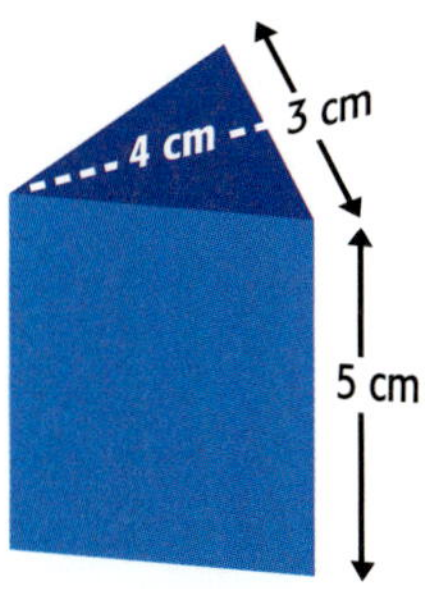

Prisma

volumen = *área de la base* × *altura*
volumen = (*área del triángulo*) × *altura*
volumen = ($\frac{1}{2}$ × 3 cm × 4 cm) × 5 cm
volumen = 6 cm² × 5 cm
volumen = **30 cm³**

Nota: Algunas fórmulas matemáticas se basan en el nombre en inglés de los elementos de la fórmula. Por ejemplo, la fórmula del área en español es: A = L × L *(área = lado × lado)*, pero en inglés es *A* = *S* × *S* *(area = side × side)*. Toma nota también de los siguientes casos:

	Inglés	Español
Ventaja mecánica	MA	VM
Energía cinética	KE	EC
Energía potencial gravitatoria	GPE	EPG
Unidad de masa atómica	amu	uma

Leyes y principios de las ciencias físicas

Ley de la conservación de la energía

La ley de la conservación de la energía establece que la energía no se crea ni se destruye.

La cantidad total de energía en un sistema cerrado es siempre la misma. La energía puede cambiar de una forma a otra, pero todas las distintas formas de energía de un sistema siempre suman la misma cantidad total de energía, independientemente del número de transformaciones de energía que ocurran.

Ley de la gravitación universal

La ley de la gravitación universal establece que todos los objetos del universo se atraen entre sí por una fuerza llamada *gravedad*. La magnitud de la fuerza depende de la masa de los objetos y de la distancia entre ellos.

La primera parte de la ley explica por qué cuesta más levantar una bola de boliche que una pelota de tenis. Como la bola de boliche tiene una masa mucho mayor que la pelota de tenis, la gravedad entre la Tierra y la bola de boliche es mayor que entre la Tierra y la pelota de tenis.

La segunda parte de la ley explica por qué un satélite puede permanecer en órbita alrededor de la Tierra. El satélite se coloca con cuidado a una distancia lo suficientemente grande para impedir que la gravedad terrestre lo derribe de inmediato, pero lo suficientemente pequeña para evitar que se escape por completo de la gravedad terrestre y vague por el espacio.

Las leyes del movimiento de Newton

La primera ley del movimiento de Newton establece que un objeto en reposo permanece en reposo y un objeto en movimiento permanece en movimiento a una rapidez constante y en línea recta a menos que una fuerza en desequilibrio actúe sobre él.

La primera parte de la ley explica por qué un balón de fútbol permanece en el punto de salida hasta que lo patean o hasta que sopla una ráfaga de viento y lo mueve.

La segunda parte de la ley explica por qué una persona que anda en bicicleta sigue moviéndose hacia adelante después de que la bicicleta se detiene abruptamente. La gravedad y la fricción de la acera terminarán por detener a la persona.

La segunda ley del movimiento de Newton establece que la aceleración de un objeto depende de la masa del objeto y de la cantidad de fuerza que se le aplique.

La primera parte de la ley explica por qué la aceleración de una bola de boliche de 4 kg será mayor que la de una de 6 kg si se les aplica la misma fuerza.

La segunda parte de la ley explica por qué la aceleración de una bola de boliche será mayor si se le aplica una fuerza mayor.

La relación de la aceleración (*a*) con la masa (*m*) y la fuerza (*F*) puede expresarse matemáticamente por medio de la siguiente ecuación:

$$aceleración = \frac{fuerza}{masa} \quad \text{o} \quad a = \frac{F}{m}$$

Esta ecuación suele escribirse de la siguiente forma:

$$fuerza = masa \times aceleración$$

o

$$F = m \times a$$

La tercera ley del movimiento de Newton establece que siempre que un objeto ejerce una fuerza sobre un segundo objeto, el segundo ejerce una fuerza igual y opuesta sobre el primero.

Esta ley explica que un corredor puede moverse hacia adelante debido a la fuerza igual y opuesta que el suelo ejerce sobre sus pies después de cada paso.

Apéndice

Ley de la reflexión

La ley de la reflexión establece que el ángulo de incidencia es igual al ángulo de reflexión. Esta ley explica por qué la luz se refleja sobre una superficie en el mismo ángulo en el que choca contra esa superficie.

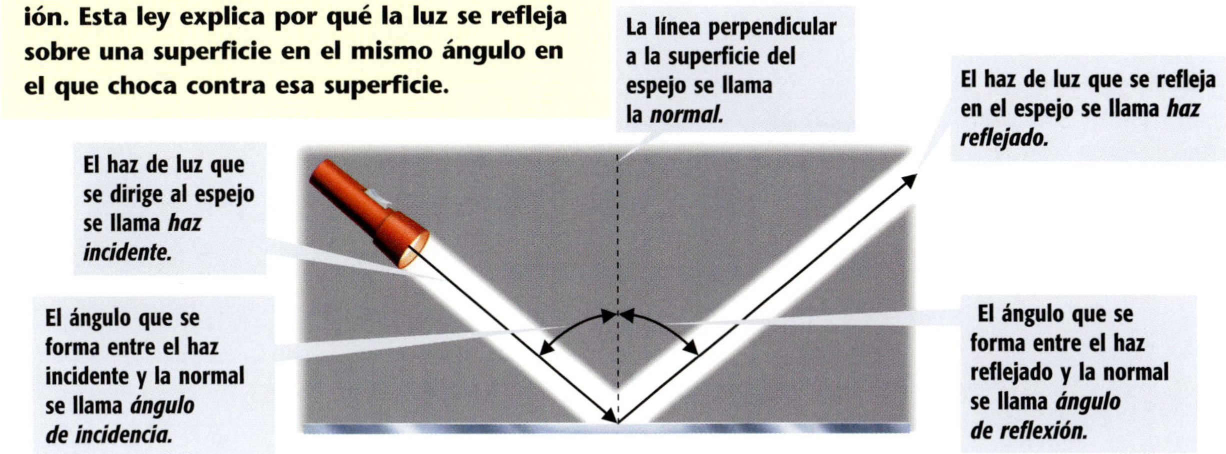

Ley de Charles

La ley de Charles establece que para una cantidad fija de gas a una presión constante, el volumen del gas aumenta a medida que su temperatura aumenta y el volumen del gas disminuye a medida que su temperatura disminuye.

Si una pelota de básquetbol que se infló en un lugar cerrado se deja al aire libre en un día frío de invierno, las partículas de gas que se hallan en su interior se moverán más lentamente. Golpearán contra la pared de la pelota con menor frecuencia y con menor fuerza. El tamaño de la pelota se reducirá a medida que el volumen del aire disminuya.

Ley de Boyle

La ley de Boyle establece que para una cantidad fija de gas a una temperatura constante, el volumen del gas aumenta a medida que su presión disminuye y el volumen del gas disminuye a medida que su presión aumenta.

Si se hunde un globo inflado hasta el fondo de una piscina, la presión del agua sobre el globo aumenta. La presión de las partículas de aire del interior del globo debe aumentar para igualar la presión del agua del exterior, con lo que disminuirá el volumen del aire dentro del globo.

Principio de Pascal

El principio de Pascal establece que un cambio de presión en cualquier punto de un fluido contenido en un recipiente se transmite con igual intensidad a todas las partes de ese fluido.

Cuando un mecánico usa un gato hidráulico para levantar un automóvil del suelo, la presión en el fluido del gato aumenta al empujar el mango hacia abajo. La presión se transmite con igual intensidad a todas las partes del sistema de levantamiento hidráulico relleno de fluido. Cuando el fluido presiona la platina del gato contra la estructura del auto, el auto se levanta del suelo.

Principio de Arquímedes

El principio de Arquímedes establece que la fuerza boyante de un objeto que está en un fluido es una fuerza ascendente cuya magnitud es igual al peso del volumen del fluido que el objeto desplaza.

Una persona que flota en una piscina desplaza 20 L de agua. El peso de ese volumen de agua es de aproximadamente 200 N. Por lo tanto, la fuerza boyante de la persona equivale a 200 N.

Principio de Bernoulli

El principio de Bernoulli establece que la presión de un fluido disminuye a medida que la velocidad del fluido aumenta.

Con el principio de Bernoulli se puede explicar en parte cómo se elevan el ala de un avión o un Frisbee®. Por la forma que tiene el Frisbee, el aire que se mueve sobre su superficie debe desplazarse más rápido que el aire que se mueve debajo de él en la misma cantidad de tiempo. En otras palabras, el aire que está sobre el Frisbee se mueve más rápido que el aire que está debajo de él.

El aire que se mueve más rápido sobre el Frisbee ejerce menos presión que el aire que se mueve más lento por debajo. El aumento de presión resultante debajo del Frisbee ejerce una fuerza hacia arriba y empuja el Frisbee en esa dirección.

Ecuaciones útiles

Rapidez promedio

$$\textit{rapidez promedio} = \frac{\textit{distancia total}}{\textit{tiempo total}}$$

Ejemplo: Un mensajero en bicicleta recorrió una distancia de 136 km en 8 h. ¿Cuál fue la rapidez promedio del mensajero?

$$\frac{136\ \text{km}}{8\ \text{h}} = 17\ \text{km/h}$$

La rapidez promedio del mensajero fue de **17 km/h.**

Aceleración promedio

$$\textit{aceleración promedio} = \frac{\textit{velocidad final} - \textit{velocidad inicial}}{\textit{tiempo que tarda en cambiar la velocidad}}$$

Ejemplo: Calcula la aceleración promedio de un velocista olímpico que en la carrera de 100 m llanos alcanza la velocidad de 20 m/s sur en la línea de llegada. La carrera fue en línea recta y duró 10 s.

$$\frac{20\ \text{m/s} - 0\ \text{m/s}}{10\text{s}} = 2\ \text{m/s/s}$$

La aceleración promedio del velocista es de **2 m/s/s sur.**

Fuerza neta

Fuerzas en la misma dirección

Cuando las fuerzas están en la misma dirección, se deben sumar para determinar la fuerza neta.

Ejemplo: Calcula la fuerza neta que se ejerce sobre un auto en punto muerto empujado por dos personas. Una de ellas empuja con una fuerza de 13 N noroeste y la otra, con una fuerza de 8 N en la misma dirección.

$$13\ \text{N} + 8\ \text{N} = 21\ \text{N}$$

La fuerza neta es de **21 N noroeste.**

Fuerzas en direcciones opuestas

Cuando las fuerzas están en direcciones opuestas, resta la fuerza menor de la mayor para determinar la fuerza neta. La fuerza neta se ejerce en la dirección de la fuerza mayor.

Ejemplo: Calcula la fuerza neta que se ejerce sobre una cuerda que se tira de los dos extremos. Una persona tira de un extremo de la cuerda con una fuerza de 12 N sur. Otra persona tira del extremo opuesto con una fuerza de 7 N norte.

$$12\ \text{N} - 7\ \text{N} = 5\ \text{N}$$

La fuerza neta es de **5 N sur.**

Trabajo

Se realiza **trabajo** cuando se ejerce una fuerza a través de una distancia. El trabajo se mide en joules (J), que equivalen a newton-metros.

$$trabajo = F \times d$$

Ejemplo: Calcula la cantidad de trabajo realizada por un hombre que levanta a un niño de 100 N a 1.5 m del piso.

$$trabajo = 100 \text{ N} \times 1.5 \text{ m} = 150 \text{ N}\bullet\text{m} = 150 \text{ J}$$

El hombre realizó **150 J** de trabajo.

Potencia

La **potencia** es la tasa a la que se realiza un trabajo. La potencia se mide en watts (W), que equivalen a joules por segundo.

$$P = \frac{trabajo}{t}$$

Ejemplo: Calcula la potencia de un levantador de pesas que levanta una barra de 300 N a 2.1 m del piso en 1.25 s.

$$trabajo = 300 \text{ N} \times 2.1 \text{ m} = 630 \text{ N}\bullet\text{m} = 630 \text{ J}$$

$$P = \frac{630 \text{ J}}{1.25 \text{ s}} = \frac{504 \text{ J}}{\text{s}} = 504 \text{ W}$$

El levantador de pesas tiene una potencia de **504 W.**

Presión

La **presión** es la fuerza que se ejerce sobre un área determinada. La unidad del SI para la presión es el pascal (Pa).

$$presión = \frac{fuerza}{área}$$

Ejemplo: Calcula la presión del aire en un balón de fútbol si el aire ejerce una fuerza de 25,000 N en un área de 0.15 m^2.

$$presión = \frac{25{,}000 \text{ N}}{0.15 \text{ m}^2} = \frac{167{,}000 \text{ N}}{\text{m}^2} = 167{,}000 \text{ Pa}$$

La presión del aire dentro del balón de fútbol es de **167, 000 Pa.**

Densidad

$$densidad = \frac{masa}{volumen}$$

Ejemplo: Calcula la densidad de una esponja que tiene una masa de 10 g y un volumen de 40 cm^3.

$$\frac{10 \text{ g}}{40 \text{ cm}^3} = \frac{0.25 \text{ g}}{\text{cm}^3}$$

La densidad de la esponja es de $\mathbf{\frac{0.25 \text{ g}}{\text{cm}^3}}$.

Concentración

$$concentración = \frac{masa\ del\ soluto}{volumen\ del\ solvente}$$

Ejemplo: Calcula la concentración de una solución en la que 10 g de azúcar están disueltos en 125 mL de agua.

$$\frac{10 \text{ g de azúcar}}{125 \text{ mL de agua}} = \frac{0.08 \text{ g}}{\text{mL}}$$

La concentración de esta solución es de $\mathbf{\frac{0.08 \text{ g}}{\text{mL}}}$.

Apéndice

Glosario

A

adulteración la adición de un elemento impuro a un semiconductor (71)

aislante eléctrico un material en el que las cargas no pueden moverse libremente (8)

C

campo eléctrico el espacio que se encuentra alrededor de un objeto con carga y en el que otro objeto con carga experimenta una fuerza eléctrica (5)

carga eléctrica una propiedad eléctrica de la materia que crea fuerzas e interacciones eléctricas y magnéticas (4)

celda en electricidad, un aparato que produce una corriente eléctrica transformando la energía química o radiante en energía eléctrica (17)

circuito eléctrico un conjunto de componentes eléctricos conectados de modo que proporcionen una o más rutas completas para el movimiento de las cargas (24)

circuito en serie un circuito en el que las partes están unidas una después de la otra de manera tal que la corriente en cada parte es la misma (26)

circuito integrado un circuito cuyos componentes están formados en un solo semiconductor (74)

circuito paralelo un circuito en el que las partes están unidas en líneas de manera tal que la diferencia de potencial entre cada parte es la misma (27)

computadora un aparato electrónico que acepta información e instrucciones, sigue instrucciones y produce una salida para los resultados (84)

conductor eléctrico un material en el que las cargas se mueven libremente (8)

corriente eléctrica la tasa a la que las cargas pasan por un punto determinado; se mide en amperes (12)

cuadro del circuito una lámina de material aislante que lleva elementos del circuito y que es insertado en un aparato electrónico (70)

D

descarga eléctrica la liberación de electricidad almacenada en una fuente (9)

diodo un aparato electrónico que permite que la corriente eléctrica pase más fácilmente en una dirección que en otra (72)

E

electricidad estática carga eléctrica en reposo; por lo general se produce por fricción o inducción (8)

electroimán una bobina que tiene un núcleo de hierro suave y que funciona como un imán cuando hay una corriente eléctrica en la bobina (50)

electromagnetismo la interacción entre la electricidad y el magnetismo (49)

F

fotocelda un aparato que transforma la energía luminosa en energía eléctrica (18)

fuerza eléctrica la fuerza de atracción o repulsión en una partícula con carga debido a un campo eléctrico (5)

fuerza magnética la fuerza de atracción o repulsión generadas por cargas eléctricas en movimiento o que giran (41)

G

generador eléctrico un aparato que transforma la energía mecánica en energía eléctrica (56)

H

hardware las partes o piezas de equipo que forman una computadora (86)

I

imán cualquier material que atrae hierro o materiales que contienen hierro (40)

inducción electromagnética el proceso de crear una corriente en un circuito por medio de un cambio en el campo magnético (55)

Internet una amplia red de computadoras que conecta muchas redes locales y redes más pequeñas por todo el mundo (90)

L

ley de las cargas eléctricas la ley que establece que las cargas iguales se repelen y las cargas opuestas se atraen (4)

M

microprocesador un chip único de un semiconductor, el cual controla y ejecuta las instrucciones de una microcomputadora (85)

motor eléctrico un aparato que transforma la energía eléctrica en energía mecánica (56)

P

polo magnético uno de dos puntos, tales como los extremos de un imán, que tienen cualidades magnéticas opuestas (40)

potencia eléctrica la tasa a la que la energía eléctrica se transforma en otras formas de energía (21)

potencial eléctrico la energía potencial eléctrica asociada con una partícula con carga en relación con la superficie de la Tierra, que tiene un potencial de cero (14)

R

resistencia en ciencias físicas, la oposición que un material o aparato presenta a la corriente (15)

S

semiconductor un elemento o compuesto que conduce la corriente eléctrica mejor que un aislante, pero no tan bien como un conductor (71)

señal análoga una señal cuyas propiedades cambian continuamente en un rango determinado (77)

señal digital una señal que se puede representar como una secuencia de valores discretos (78)

software un conjunto de instrucciones o comandos que le dicen qué hacer a una computadora; un programa de computadora (89)

solenoide una bobina de alambre que tiene una corriente eléctrica (49)

T

termopar un aparato que transforma la energía térmica en energía eléctrica (18)

transformador un aparato que aumenta o disminuye el voltaje de la corriente alterna (58)

V

voltaje la diferencia de potencial entre dos puntos, medida en voltios (14)

Glosario en inglés

A

adulteración/doping the addition of an impurity element to a semiconductor (71)

aislante eléctrico/electrical insulator a material in which charges cannot move freely (8)

C

campo eléctrico/electric field the space around a charged object in which another charged object experiences an electric force (5)

carga eléctrica/electric charge an electrical property of matter that creates electric and magnetic forces and interactions (4)

celda/cell in electricity, a device that produces an electric current by converting chemical or radiant energy into electrical energy (17)

circuito eléctrico/electric circuit a set of electrical components connected such that they provide one or more complete paths for the movement of charges (24)

circuito en serie/series circuit a circuit in which the parts are joined one after another such that the current in each part is the same (26)

circuito integrado/integrated circuit a circuit whose components are formed on a single semiconductor (74)

circuito paralelo/parallel circuit a circuit in which the parts are joined in branches such that the potential difference across each part is the same (27)

computadora/computer an electronic device that can accept data and instructions, follow the instructions, and output the results (84)

conductor eléctrico/electrical conductor a material in which charges can move freely (8)

corriente eléctrica/electric current the rate at which charges pass through a given point; measured in amperes (12)

cuadro del circuito/circuit board a sheet of insulating material that carries circuit elements and that is inserted in an electronic device (70)

D

descarga eléctrica/electric discharge the release of electricity stored in a source (9)

diodo/diode an electronic device that allows electric charge to move more easily in one direction than in the other (72)

E

electricidad estática/static electricity electric charge at rest; generally produced by friction or induction (8)

electroimán/electromagnet a coil that has a soft iron core and that acts as a magnet when an electric current is in the coil (50)

electromagnetismo/electromagnetism the interaction between electricity and magnetism (49)

F

fotocelda/photocell a device that converts light energy into electrical energy (18)

fuerza eléctrica/electric force the force of attraction or repulsion on a charged particle that is due to an electric field (5)

fuerza magnética/magnetic force the force of attraction or repulsion generated by moving or spinning electric charges (41)

G

generador eléctrico/electric generator a device that converts mechanical energy into electrical energy (56)

H

hardware/hardware the parts or pieces of equipment that make up a computer (86)

I

imán/magnet any material that attracts iron or materials containing iron (40)

inducción electromagnética/electromagnetic induction the process of creating a current in a circuit by changing a magnetic field (55)

Internet/Internet a large computer network that connects many local and smaller networks all over the world (90)

L

ley de las cargas eléctricas/law of electric charges the law that states that like charges repel and opposite charges attract (4)

M

microprocesador/microprocessor a single semiconductor chip that controls and executes a microcomputer's instructions (85)

motor eléctrico/electric motor a device that converts electrical energy into mechanical energy (52)

P

polo magnético/magnetic pole one of two points, such as the ends of a magnet, that have opposing magnetic qualities (40)

potencia eléctrica/electric power the rate at which electrical energy is converted into other forms of energy (21)

potencial eléctrico/electric potential the electrical potential energy of a charged particle relative to that of the surface of the Earth, which has zero potential (14)

R

resistencia/resistance in physical science, the opposition presented to the current by a material or device (15)

S

semiconductor/semiconductor an element or compound that conducts electric current better than an insulator does but not as well as a conductor does (71)

señal análoga/analog signal a signal whose properties can change continuously in a given range (77)

señal digital/digital signal a signal that can be represented as a sequence of discrete values (78)

software/software a set of instructions or commands that tells a computer what to do; a computer program (89)

solenoide/solenoid a coil of wire with an electric current in it (49)

T

termopar/thermocouple a device that converts thermal energy into electrical energy (18)

transformador/transformer a device that increases or decreases the voltage of alternating current (58)

V

voltaje/voltage the potential difference between two points; measured in volts (14)

Índice

Los números de página en **negritas** se refieren al material ilustrativo, como figuras, tablas, apartados, fotografías e ilustraciones.

A

B

C

D

E

F

G

H

Créditos

Abbreviations used: (t) top, (c) center, (b) bottom, (l) left, (r) right, (bkgd) background

FOTOGRAFÍA

Front Cover Robert Essel/Corbis

Skills Practice Lab Teens Sam Dudgeon/HRW

Connection to Astrology Corbis Images; **Connection to Biology** David M. Phillips/Visuals Unlimited; **Connection to Chemistry** Digital Image copyright © 2005 PhotoDisc; **Connection to Environment** Digital Image copyright © 2005 PhotoDisc; **Connection to Geology** Letraset Phototone; **Connection to Language Arts** Digital Image copyright © 2005 PhotoDisc; **Connection to Meteorology** Digital Image copyright © 2005 PhotoDisc; **Connection to Oceanography** © ICONOTEC; **Connection to Physics** Digital Image copyright © 2005 PhotoDisc

Table of Contents iv (cl), John Langford/HRW; iv (b), ©National Geographic Image Collection/Richard T. Nowitz; v (tl), Sam Dudgeon/HRW; v (tr), © Reuters NewMedia Inc./CORBIS; vi–vii, Victoria Smith/HRW; x (bl), Sam Dudgeon/HRW; xi (tl), John Langford/HRW; xi (b), Sam Dudgeon/HRW; xii (tl), Victoria Smith/HRW; xii (bl), Stephanie Morris/HRW; xii (br), Sam Dudgeon/HRW; xiii (tl), Patti Murray/Animals, Animals; xiii (tr), Jana Birchum/HRW; xiii (b), Peter Van Steen/HRW

Chapter One 2–3 (all), Courtesy Sandia National Laboratories; 6 (bc), John Langford/HRW; 6 (bl), Sam Dudgeon/HRW; 7 (tr), John Langford/HRW; 8 (tl), © COMSTOCK, Inc.; 10 (br), Paul Katz/Index Stock Imagery/PictureQuest; 481 (cr), Michelle Bridwell/HRW; 11 (tr), Sam Dudgeon/HRW; 14 (br), Sam Dudgeon/HRW; 15 (tl), © National Geographic Image Collection/Richard T. Nowitz; 16 (br), Takeshi Takahara/Photo Researchers, Inc.; 17 (br), John Langford/HRW; 19 (tr), John Langford/HRW; 21 (br), Sam Dudgeon/HRW; 22 (tl, tc), Sam Dudgeon/HRW; 23 (cl), Digital Image copyright © 2005 PhotoDisc; 23 (c), © Brand X Pictures; 24 (bl), Richard T. Nowitz/Photo Researchers, Inc.; 24 (bc, br, inset), Sam Dudgeon/HRW; 25 (all), John Langford/HRW; 26 (b), John Langford/HRW; 27 (b), Sam Dudgeon/HRW; 28 (tl), Paul Silverman/Fundamental Photographs; 28 (bc), Sam Dudgeon/HRW; 29 (all), Sam Dudgeon/HRW; 30 (bl), John Langford/HRW; 31 (b), Victoria Smith/HRW; 32 (br), Sam Dudgeon/HRW; 33 (br), John Langford/HRW; 33 (tl), © COMSTOCK, Inc.; 36 (tr), Daniel L. Osborne, University of Alaska/Detlev Ban Ravenswaay/Science Photo Library/Photo Researchers, Inc.; 36 (tl), Sonia S. Wasco/Grant Heilman Photography, Inc.; 36 (cr), STARLab, Stanford University; 37 (cr), Sam Dudgeon/HRW

Chapter Two 38–39 (all), © NASA/Photo Researchers, Inc.; 40 (bc), Sam Dudgeon/HRW; 41 (tr, bc, br), Richard Megna/Fundamental Photographs; 41 (cr), Sam Dudgeon/HRW; 42 (tr), Richard Megna/Fundamental Photographs; 43 (br), Sam Dudgeon/HRW; 44 (cl), Sam Dudgeon/HRW; 46 (br), Pekka Parviainen/Science Photo Library/Photo Researchers, Inc.; 47 (tr), Sam Dudgeon/HRW; 50 (br), © Tom Tracy/The Stock Shop; 51 (tr), Victoria Smith/HRW; 53 (cr), Gamma Photo/Central Scientific Company; 53 (tr), Sam Dudgeon/HRW; 60 (cr), Sam Dudgeon/HRW; 61 (bl), David Young Wolf/PhotoEdit; 62 (tl), Sam Dudgeon/HRW; 66 (cl), © Getty Images; 66 (tr), Howard Sochurek; 67 (tr), © Baldwin Ward/CORBIS

Chapter Three 68–69 (all), © Peter Menzel Photography; 70 (all), Sam Dudgeon/HRW; 72 (tl), Sam Dudgeon/HRW; 73 (tr), Sam Dudgeon/HRW; 74 (bl), Sam Dudgeon/HRW; 75 (all), Sam Dudgeon/HRW; 76 (bl), Digital Image copyright © 2005 PhotoDisc; 78 (bl), Digital Image copyright © 2005 PhotoDisc; 81 (inset), Corbis Images; 82 (inset), Corbis Images; 84 (br), Sam Dudgeon/HRW; 85 (tr), Corbis–Bettmann; 86 (b), Sam Dudgeon/HRW; 87 (b), Sam Dudgeon/HRW; 91 (all), Sam Dudgeon/HRW; 92 (bl), Sam Dudgeon/HRW; 93 (b), Sam Dudgeon/HRW; 94 (br), Sam Dudgeon/HRW; 95 (bl), Sam Dudgeon/HRW; 98 (tl), © Reuters NewMedia Inc./CORBIS; 99 (cr), Courtesy Agnes Riley; 99 (bl), Digital Image copyright © 2005 PhotoDisc

Lab Book/Appendix "LabBook Header", "L", Corbis Images; "a", Letraset Phototone; "b", and "B", HRW; "o", and "k", images ©2006 PhotoDisc/HRW; 100 (cr), Sam Dudgeon/HRW; 102 (br), Sam Dudgeon/HRW; 103 (b), Sam Dudgeon/HRW; 104 (b), Sam Dudgeon/HRW; 105 (all), Sam Dudgeon/HRW; 106 (b), Sam Dudgeon/HRW; 107 (b), Sam Dudgeon/HRW; 111 (br), Victoria Smith; 112 (br), Victoria Smith; 118 (tr), Peter Van Steen/HRW; 118 (br), Sam Dudgeon/HRW; 130 (tr), Sam Dudgeon/HRW